Q 家装热搜问题

百问百答 A

家居软装

理想·宅 编

U0250668

化学工业出版社

·北京·

编写人员名单（排名不分先后）：

叶 萍	黄 肖	邓毅丰	张 娟	邓丽娜	杨 柳	张 蕾	刘团团
卫白鸽	郭 宇	王广洋	王力宇	梁 越	李小丽	王 军	李子奇
于兆山	蔡志宏	刘彦萍	张志贵	刘 杰	李四磊	孙银青	肖冠军
安 平	马禾午	谢永亮	李 广	李 峰	余素云	周 彦	赵莉娟
潘振伟	王效孟	赵芳节	王 庶				

图书在版编目（CIP）数据

家装热搜问题百问百答．家居软装／理想•宅编．
—北京：化学工业出版社，2016.6
ISBN 978-7-122-26748-1

Ⅰ．①家… Ⅱ．①理… Ⅲ．①住宅－室内装修－问题
解答 Ⅳ．① TU767-44

中国版本图书馆 CIP 数据核字（2016）第 072835 号

责任编辑：王 斌 孙梅戈　　　　　　　　　　装帧设计：骁毅文化

出版发行：化学工业出版社（北京市东城区青年湖南街13号 邮政编码100011）
印　　装：北京画中画印刷有限公司
880mm×1230mm 1/32 印张6¼ 字数150千字 2016年5月北京第1版第1次印刷

购书咨询：010-64518888（传真：010-64519686） 售后服务：010-64518899
网　　址：http://www.cip.com.cn
凡购买本书，如有缺损质量问题，本社销售中心负责调换。

定　　价：35.00元

第一章　家具

001. 家具在居室装饰中可以起到什么作用? 2

002. 家具有哪些分类? 2

003. 家居空间分别包含哪些家具? 3

004. 电视柜的特点是什么? 3

005. 电视柜的一般尺寸是多少? 4

006. 如何选购电视柜? 4

007. 如何选购真皮沙发? 5

008. 布艺沙发的特点是什么? 如何在家居空间中运用? 5

009. 如何选购布艺沙发? 6

010. 双人沙发的一般尺寸是多少? 6

011. 三人沙发的标准尺寸是多少? 7

012. 如何根据客厅的大小来选择沙发的尺寸? 7

013. 布艺沙发的填充物是乳胶好吗? 8

014. 怎样判断沙发质量的好坏? 8

015. 6人餐桌的标准尺寸是多少? 9

016. 10人餐桌的标准尺寸是多少? 9

017. 如何选购餐桌? 10

018. 睡床的种类有哪些? 11

019. 床的尺寸一般是多少? 11

020. 榻榻米装修用什么材料好? 12

021. 实木床该如何选购? 13

022. 儿童床的尺寸一般标准规格是多少? 14

023. 如何选购儿童家具? 15

目录

024. 如何选购床头柜? 15

025. 床头柜可以用梳妆台代替吗? 16

026. 床头柜的尺寸标准是多少? 16

027. 如何选购梳妆台? 17

028. 衣柜是找木工打好,还是买整体衣柜好? 17

029. 衣柜推拉门的尺寸是多少? 18

030. 衣柜放杂物抽屉的标准尺寸是多少? 18

031. 如何根据不同需求选择整体衣柜? 19

032. 书房家具有哪些? 选购要点是什么? 20

033. 电脑桌的一般尺寸是多少? 21

034. 鞋柜尺寸的标准是多少? 22

035. 消毒柜有哪些种类及特点? 23

036. 消毒柜的尺寸是多少? 23

037. 如何选购消毒柜? 24

038. 什么是板式家具? 特点是什么? 24

039. 如何选购板式家具? 25

040. 什么是实木家具? 特点是什么? 26

041. 什么是红木家具? 特点是什么? 27

042. 红木家具有哪些种类? 28

043. 如何选购红木家具? 29

044. 花梨木家具的优缺点是什么? 30

045. 水曲柳家具的优缺点是什么? 31

046. 橡木家具的优缺点是什么? 32

047. 乌金木家具的优缺点是什么? 32

048. 榆木家具的优缺点是什么? 33

目录

049. 什么是柏木家具？有什么特点？ 33

050. 红桦木家具和红橡木家具哪个更好？ 34

051. 纯实木家具刚买时有味道吗？ 34

052. 松木家具有味道怎么办？如何去除味道？ 35

053. 现代风格的家居中可以选择什么家具进行装饰？ 36

054. 后现代风格的家居中可以选择什么家具进行装饰？ 36

055. 简约风格的家居中可以选择什么家具进行装饰？ 37

056. 混搭风格的家居中可以选择什么家具进行装饰？ 37

057. 新中式风格的家居中可以选择什么家具进行装饰？ 38

058. 美式乡村风格的家居中可以选择什么家具进行装饰？ 38

059. 法式田园风格的家居中可以选择什么家具进行装饰？ 39

060. 英式田园风格的家居中可以选择什么家具进行装饰？ 39

061. 北欧风格的家居中可以选择什么家具进行装饰？ 40

062. 新欧式风格的家居中可以选择什么家具进行装饰？ 40

063. 洛可可风格的家居中可以选择什么家具进行装饰？ 41

064. 韩式风格的家居中可以选择什么家具进行装饰？ 41

065. 条案的特点是什么？如何在家居空间中运用？ 42

066. 屏风的特点是什么？如何在家居空间中运用？ 42

067. 圈椅的特点是什么？如何在家居空间中运用？ 42

第二章　灯饰

068. 灯具在居室装饰中可以起到什么作用？ 44

069. 什么是漫射光源与点射光源？ 44

目录

070. 如何运用灯光调节居室中的氛围? 44

071. 如何运用灯光调节居室中的重量感? 45

072. 如何运用灯光调节居室中的距离感? 45

073. 灯具可以分为哪些类别? 46

074. 吊灯有什么特点? 适用于家居中的哪些场合? 46

075. 吊灯该如何选购? 47

076. 吸顶灯有什么特点? 适用于家居中的哪些场合? 47

077. 吸顶灯该如何选购? 48

078. 落地灯有什么特点? 适用于家居中的哪些场合? 48

079. 什么是壁灯? 有哪些种类? 49

080. 壁灯适用于家居中的哪些场合? 该如何安装? 49

081. 如何选购壁灯? 50

082. 台灯有什么特点? 适用于家居中的哪些场合? 50

083. 射灯有什么特点? 适用于家居中的哪些场合? 51

084. 射灯的优点是什么? 51

085. 射灯的缺点是什么? 51

086. 射灯的距离是多少? 52

087. 如何选购射灯? 52

088. 筒灯有什么特点? 适用于家居中的哪些场合? 52

089. 筒灯该如何选购? 53

090. 如何选购节能灯? 53

091. 怎样选购 LED 筒灯? 54

092. 紫外线消毒灯好不好? 有没有什么危害? 55

093. 客厅装什么样的水晶灯好看? 56

目录

094. 客厅用吊灯好，还是吸顶灯好？ 56

095. 餐厅吊灯的高度一般是多少？ 57

096. 卧室里选择什么样的灯具比较好？ 58

097. 什么灯具适合用在厨房？ 59

098. 卫浴的镜前灯有哪些种类？ 59

099. 现代风格的家居中可以选择什么灯具进行装饰？ 60

100. 宫灯的特点是什么？如何在家居空间中运用？ 60

101. 仿古灯的特点是什么？如何在家居空间中运用？ 60

102. 铁艺灯的特点是什么？如何在家居空间中运用？ 61

103. 巴洛克可调光台灯的特点是什么？如何在家居空间中运用？ 61

104. 地中海吊扇灯的特点是什么？如何在家居空间中运用？ 62

第三章　布艺织物

105. 布艺在居室装饰中可以起到什么作用？ 64

106. 如何根据布艺饰品的色彩、图案和质地在家居中进行搭配？ 64

107. 布艺饰物可以分为哪几类？在家居中该如何搭配？ 65

108. 层高有限的空间该如何搭配布艺饰品？ 65

109. 采光不理想的空间该如何搭配布艺饰品？ 65

110. 狭长或狭窄的空间该如何搭配布艺饰品？ 66

111. 局促的空间该如何搭配布艺饰品？ 66

112. 家中布艺产品应该怎么搭配才能有层次？ 66

113. 传统色彩印象、中式传统图案布艺与织物如何在家居空间中

　　 运用？ 67

目录

114. 泰丝抱枕的特点是什么？如何在家居空间中运用？ 67

115. 餐厅的布艺包括哪些种类？ 68

116. 卧室的布艺产品这么多，怎么搭配才协调？ 68

117. 厨房的布艺包括哪些种类？ 68

118. 卫浴的布艺包括哪些种类？ 69

119. 窗帘在居室装饰中可以起到什么作用？ 69

120. 窗帘有哪些组成部分？ 70

121. 窗帘的面料有哪些种类？ 70

122. 布艺窗帘有哪些特点及分类？ 71

123. 什么是开合帘（平开帘）？有什么特点？ 72

124. 什么是罗马帘（升降帘）？有什么特点？ 72

125. 什么是卷帘？有什么特点？ 73

126. 什么是百叶帘？有什么特点？ 73

127. 如何挑选百叶帘？ 74

128. 什么是纱帘？有什么特点？ 74

129. 什么是垂直帘？有什么特点？ 75

130. 什么是木竹帘？有什么特点？ 75

131. 如何挑选窗帘的款式？ 75

132. 如何确定窗帘的尺寸？ 76

133. 如何确定窗帘的花色？ 76

134. 客厅能用遮光布吗？ 77

135. 客厅用什么样的窗帘好？ 77

136. 如何确定窗帘的式样和尺寸？ 78

137. 怎样测量成品窗帘下垂长度？ 78

138. 选购窗帘时如何防甲醛？ 79

目录

139. 线帘适合布置在什么地方? 79

140. 窗帘该如何进行日常保养? 80

141. 普通面料的窗帘该如何洗涤? 80

142. 窗楣及带花边的窗帘该如何洗涤? 81

143. 卷帘或软性的成品帘该如何洗涤? 81

144. 地毯在居室装饰中可以起到什么作用? 81

145. 什么是羊毛地毯? 有什么特点? 82

146. 如何选购羊毛地毯? 82

147. 什么是混纺地毯? 有什么特点? 83

148. 如何选购混纺地毯? 83

149. 什么是化纤地毯? 有什么特点? 83

150. 什么是塑料地毯? 有什么特点? 84

151. 什么是草织地毯? 有什么特点? 84

152. 什么是橡胶地毯? 有什么特点? 84

153. 橡胶地毯的常用规格是多少? 经常用于室内的哪些地方? 84

154. 什么是剑麻地毯? 有什么特点? 85

155. 如何根据地毯纤维的性质来判断地毯的优劣? 85

156. 怎样根据外观质量来判断地毯的优劣? 86

157. 怎样根据室内家具与室内装饰色彩效果来选购地毯? 86

158. 简约风格的家居中可以选择什么地毯进行装饰? 87

159. 什么样的房间不宜铺地毯? 87

160. 客厅地毯用什么材质的好? 88

161. 挑选客厅地毯时应遵循哪些原则? 88

162. 如何选购挂毯? 88

目录

第四章　装饰画与墙贴

163. 装饰画在居室装饰中可以起到什么作用? 90

164. 家居装饰中装饰画选择的原则是什么? 90

165. 家居装饰中装饰画搭配的原则是什么? 90

166. 怎样根据家居空间来确定装饰画的尺寸? 91

167. 如何根据墙面来挑选装饰画? 91

168. 如何根据居室采光来挑选装饰画? 92

169. 中国画有什么特点? 如何在家居装饰中运用? 92

170. 油画有什么特点? 如何在家居装饰中运用? 93

171. 摄影画有什么特点? 如何在家居装饰中运用? 93

172. 工艺画有什么特点? 如何在家居装饰中运用? 93

173. 装饰画的悬挂方式有哪些? 94

174. 偏中式的家居装修中该选择什么样的装饰画? 95

175. 偏欧式的家居装修中该选择什么样的装饰画? 95

176. 偏现代的家居装修中该选择什么样的装饰画? 96

177. 美式乡村风格的家居中可以选择什么装饰画进行装饰? 96

178. 如果房间屋顶过高, 能用艺术画进行弥补, 并营造出装饰设计
的特色吗? 97

179. 餐厅适合放怎样的装饰画? 97

180. 儿童房要怎样摆放装饰画? 97

181. 卧室床头挂画需要注意哪些问题? 98

182. 书房适合挂什么字画? 99

183. 如何区别正版与盗版装饰画? 99

目录

184. 装饰画该如何进行日常养护？ 100

185. 什么是花板？如何在空间中运用？ 100

186. 什么是照片墙？特点是什么？ 101

187. 照片墙的种类有哪些？ 101

188. 如何设计出一个既个性又耐人寻味的相片展示区？ 101

189. 如何安装照片墙？ 102

190. 照片墙该如何清理？ 102

191. 装饰墙贴的优缺点有哪些？ 102

192. 装饰墙贴有哪些种类？ 103

193. 什么样的人群适合运用装饰墙贴来装点家居环境？ 103

194. 墙贴的使用寿命是多长？清洗方便吗？ 104

195. 墙纸和墙贴有什么区别？ 104

196. 如何鉴别墙贴的优劣？ 104

197. 墙贴的使用方法是什么？ 105

第五章　工艺品

198. 工艺品有哪些种类？ 108

199. 工艺品在家居装饰中的摆放原则是什么？ 108

200. 工艺品适合摆在家居中的什么位置？ 108

201. 没有经验，又想在家摆些工艺品，应该从何下手？ 109

202. 工艺品在家中的摆放比例多少才适合？ 110

203. 地中海风格的家居中可以选择什么工艺品进行装饰？ 110

204. 日式风格的家居中可以选择什么工艺品进行装饰？ 111

目录

205. 韩式风格的家居中可以选择什么工艺品进行装饰？ 111

206. 厨房适合摆放什么样的饰品？ 112

207. 潮湿的卫浴最适合什么样的工艺品？ 112

208. 铁艺装饰的特点是什么？如何在家居空间中运用？ 113

209. 铁艺饰品的材料具体分为哪几类？ 113

210. 铁艺饰品的搭配原则是什么？ 113

211. 铁艺能与哪些其他材质的饰品搭配摆放？ 114

212. 怎样选购铁艺饰品？ 115

213. 陶艺饰品的搭配原则是什么？ 115

214. 组合陶艺的特点是什么？如何在家居空间中运用？ 116

215. 挂式陶艺的特点是什么？如何在家居空间中运用？ 116

216. 雕塑型陶艺的特点是什么？如何在家居空间中运用？ 116

217. 天鹅陶艺品的特点是什么？如何在家居空间中运用？ 117

218. 怎样选择陶艺饰品？ 117

219. 玻璃饰品的搭配原则是什么？ 118

220. 怎样选购玻璃饰品？ 118

221. 木雕的特点是什么？如何在家居空间中运用？ 118

222. 锡器的特点是什么？如何在家居空间中运用？ 119

223. 青花瓷的特点是什么？如何在家居空间中运用？ 119

224. 玉雕工艺品的特点是什么？ 120

225. 树脂工艺品的特点是什么？ 120

226. 编织工艺品的特点是什么？ 120

227. 水晶工艺品的特点是什么？ 121

228. 工艺蜡烛在居室装饰中可以起到什么作用？ 121

229. 佛手的特点是什么？如何在家居空间中运用？ 122

230. 大象饰品的特点是什么？如何在家居空间中运用？ 122

231. 插花器皿在居室装饰中可以起到什么作用？ 123

232. 什么是陶瓷花器？有什么特点？ 123

233. 什么是金属花器？有什么特点？ 124

234. 什么是编织花器？有什么特点？ 124

235. 木制工艺品该如何进行日常养护？ 125

236. 金属类工艺品该如何进行日常养护？ 125

237. 石雕工艺品该如何进行日常养护？ 125

238. 铁艺饰品该如何进行日常养护？ 126

239. 玻璃饰品该如何进行日常养护？ 126

第六章　生活日用品

240. 镜子在居室装饰中可以起到什么作用？ 128

241. 客厅镜子的摆放应注意哪些事项？ 129

242. 镜子如何在玄关中使用？ 129

243. 镜子如何在过道中使用？ 130

244. 镜子如何在壁炉上方使用？ 130

245. 镜子如何在餐厅中使用？ 130

246. 镜子如何在卧室中使用？ 131

247. 镜子能不能对着床放？ 131

248. 镜子如何在卫浴中使用？ 131

249. 卫浴镜子的安装高度是多少？ 132

目录

250. 镜子在小户型家居中该如何运用? 132

251. 穿衣镜一般需要多高? 132

252. 穿衣镜该如何摆放? 133

253. 餐具、餐垫及餐桌布该怎样搭配运用? 133

254. 西式餐具可以分为哪些类别? 134

255. 瓷器餐具的图案包括哪些种类? 134

256. 西餐餐具中的玻璃器皿包括哪些种类? 134

257. 西餐餐具中的金属类餐具包括哪些种类? 135

258. 欧风茶具的特点是什么? 如何在家居空间中运用? 135

259. 骨瓷餐具该如何选购? 136

第七章　家电产品

260. 常见液晶电视的尺寸规格是多少? 138

261. 如何根据房间大小选择液晶电视的尺寸? 138

262. 如何根据观看距离选择液晶电视? 139

263. 选购液晶电视需要注意哪些方面? 140

264. 壁挂电视的插座高度是多少? 142

265. 空调按机型和调温状况可分为哪些种类? 142

266. 立柜式空调的特点是什么? 143

267. 窗式空调的特点是什么? 143

268. 吊顶式空调的特点是什么? 143

269. 客厅用立式空调好, 还是风管机好? 144

270. 1匹、1.5匹、2匹和3匹的空调功率分别是多少? 分别适用于
　　 多大的房间? 145

目录

271. 如何选购空调？ 145

272. 中央空调该如何选购？ 146

273. 挂式空调该如何清洗？ 147

274. 滚筒洗衣机和波轮洗衣机哪种好？ 147

275. 滚筒洗衣机的尺寸是多少？ 148

276. 洗衣机放在厨房中好吗？ 149

277. 单门电冰箱、双门电冰箱、三门电冰箱、四门电冰箱的特点

　　　分别是什么？ 150

278. 对开门冰箱的尺寸是多少？ 151

279. 立式电冰箱、卧式电冰箱、台式电冰箱特点分别是什么？ 151

280. 抽油烟机的特点及用途是什么？ 152

281. 什么是薄型机抽油烟机？特点是什么？ 152

282. 什么是深型机抽油烟机？特点是什么？ 152

283. 什么是柜式机抽油烟机？特点是什么？ 153

284. 中式抽油烟机的特点是什么？ 153

285. 欧式抽油烟机的特点是什么？ 153

286. 侧吸式抽油烟机的特点是什么？ 154

287. 抽油烟机的排风量指的是什么？ 154

288. 抽油烟机的风压指的是什么？ 155

289. 抽油烟机的噪声标准是多少？ 155

290. 抽油烟机的电机输入功率是多少？ 155

291. 如何选购抽油烟机？ 156

292. 微波炉的尺寸一般是多少？ 156

293. 热水器的特点及用途是什么？ 157

294. 热水器有哪些分类？ 157

目录

295. 燃气热水器的特点是什么？ 158

296. 贮水式电热水器的特点是什么？ 158

297. 即热式电热水器的特点是什么？ 158

298. 电热水器的特点是什么？ 159

299. 太阳能热水器的特点是什么？ 159

300. 空气能热水器的特点是什么？ 160

301. 如何选购热水器？ 160

第八章　花卉绿植

302. 什么是装饰花艺？如何在家居中运用？ 162

303. 什么是东方插花？特点是什么？ 162

304. 家居中的花艺作品在色彩上怎样设计？ 163

305. 花卉与花卉之间的色彩该怎样进行调配？ 164

306. 花卉与容器的色彩该怎样进行搭配？ 164

307. 插花的色彩怎样根据环境的色彩来配置？ 165

308. 花艺的色彩该怎样进行调和？ 166

309. 客厅花艺该如何进行设计？ 167

310. 餐厅花艺该如何进行设计？ 167

311. 书房花艺该如何进行设计？ 168

312. 卧室花艺该如何进行设计？ 168

313. 如何利用干花来装点家居环境？ 169

314. 干花的种类有哪些？ 169

315. 干花该如何选购？ 170

目录

316. 家居中，植物占多大的比例合适？ 170

317. 不同朝向的居室，植物的选择也要不一样吗？ 170

318. 植物与空间的颜色怎么搭配才协调？ 171

319. 室内除甲醛的植物高手有哪些？ 171

320. 橡皮树有毒吗？室内种橡皮树对健康好吗？ 172

321. 客厅里摆放什么植物比较好？ 172

322. 阴暗的客厅放什么植物适合？ 173

323. 餐厅里摆放什么植物比较好？ 173

324. 卧室适合摆放什么植物？ 173

325. 哪些植物不能放在卧室里面？ 174

326. 文竹能放在卧室中吗？ 174

327. 百合花能放在卧室中吗？ 175

328. 吊兰能放在卧室中吗？ 175

329. 兰花能放在卧室中吗？ 175

330. 马蹄莲能放在卧室中吗？ 176

331. 绿萝养在卧室内有毒吗？ 176

332. 哪些植物适合放在儿童房里？ 176

333. 新婚房适合养什么植物？ 177

334. 老人房中适合摆放哪些植物？ 178

335. 哪些植物适合放在书房里？ 178

336. 植物能放在厨房中吗？ 179

337. 有哪些耐湿的植物适合放在卫浴？ 179

338. 哪些植物适合放在玄关？ 179

339. 不同类型的阳台植物布置有什么不一样？ 180

目录

340. 中式风格的居室放些什么植物好? 180

341. 欧式风格的居室放些什么植物好? 181

342. 美式乡村风格的居室适合摆放什么样的植物? 181

343. 法式田园风格的居室适合摆放什么样的植物? 181

344. 东南亚风格的居室适合摆放什么样的植物? 182

第一章 家 具

家具是指人类维持正常生活、从事生产实践和开展社会活动必不可少的一类器具，多指衣橱、桌子、床、沙发等大件物品。如今，家具跟随时代的脚步不断发展创新，门类繁多、用料各异、品种齐全、用途不一。

001 家具在居室装饰中可以起到什么作用?

　　家具是指在生活、工作或社会实践中供人们坐、卧或支承与贮存物品的器具。家具是生活中的必备品,它既是物质产品,又是艺术创作。家具与人们的生活产生联系,包含人们寄托的情感。因此,在室内装饰设计中,家具的运用除了满足基本的生活需要外,还能够用来表现空间的整体风格,表现出居住者的文化素养和生活品位。

贺小侠支招

家具由材料、结构、外观形式和功能四种因素组成。其中,功能是先导,是推动家具发展的动力;材料和结构是主干,是实现功能的基础;外观形式则是进一步的审美需要。

002 家具有哪些分类?

分类依据	主要品种
风格	现代家具、后现代家具、欧式古典家具、美式家具、中式古典家具、新古典家具、新装饰家具、韩式田园家具、地中海家具
材料	玉石家具、实木家具、板式家具、软体家具、藤编家具、竹编家具、金属家具、钢木家具及其他材料组合家具,如玻璃、大理石、陶瓷、无机矿物、纤维织物、树脂等
功能	办公家具、户外家具、客厅家具、卧室家具、书房家具、儿童家具、餐厅家具、卫浴家具、厨房家具和辅助家具等几类

003 家居空间分别包含哪些家具？

空间	家具
客厅	双人沙发、沙发椅、长（方）茶几、三人沙发或者单人沙发、角几，电视柜、几案以及装饰柜
玄关	鞋柜、衣帽柜、雨伞架、玄关几
卧室	床、床头柜、榻、抱枕、衣柜、梳妆台、梳妆镜、挂衣架
餐厅	餐桌、餐椅、餐边柜、角柜
书房	书架、书桌椅、文件柜

004 电视柜的特点是什么？

电视柜主要是用来摆放电视。但随着人们生活水平的提高，与电视相配套的电器设备相应出现，导致电视柜的用途从单一向多元化发展，即不再是单一的摆放电视，而是集电视、机顶盒、DV、音响设备、碟片等产品的收纳、摆放、展示功能于一身。

贺小贝支招

地柜式的电视柜配合客厅中的视听背景墙，既可以安置多种多样的视听器材，还可将主人的收藏品展示出来，让视听区达到整齐、统一的装饰效果。像这样既实用又美观的设计，给客厅增添了一道风景。此外，拼装概念已经完全取代了以往又高又大的组合柜。按照客厅的大小可以选择一个高柜配一矮几，或者一个高几配几个矮几，这种高低错落的视听柜组合，因其可分可合、造型富于变化，一直走俏于国内外市场。

005 电视柜的一般尺寸是多少？

目前，家庭装修中电视柜的尺寸都是可以定制的，主要根据要买的电视大小、房间的大小以及电视与沙发之间的距离，再结合个人的使用习惯来确定。一般来说，电视柜要比电视长三分之二，高度大约在 40~60 厘米。由于现在的电视都是超薄和壁挂式的，因此电视柜的厚度多在 40~45 厘米。另外，如果想要购买成品电视柜，也可以根据已经确定的电视机尺寸按比例放大后进行选择。

006 如何选购电视柜？

选择什么样的电视柜可以根据自己的喜好决定，也由客厅和电视机的大小决定。如果客厅和电视机都比较小，可以选择地柜式电视柜或者单组玻璃几式电视柜；如果客厅和电视机都比较大，而且沙发也比较时尚，就可以选择拼装视听柜组合或者板架结构电视柜，背景墙可以刷成和沙发一致的颜色。

007 如何选购真皮沙发?

真皮沙发重点关注背部和下部外表。非品牌厂商很容易在这些地方以假乱真，以劣充优。质地柔软、手感润滑、厚薄均匀、无皱无斑为上等皮革。另外，还要仔细观察外露木质部分，它的做工精细程度和运用曲线的水平是衡量其价值的重要因素。

008 布艺沙发的特点是什么？如何在家居空间中运用？

布艺沙发以其柔软的材质可以令居室传递出自然、质朴的感觉。在地中海风格的家居中，条纹布艺沙发、方格布艺沙发都能令居室呈现出清爽、干净的格调，仿佛地中海吹来的微风一样，令人心旷神怡。另外，具有田园风情的花朵纹样的布艺沙发，也是地中海风格可以考虑的对象。

009 如何选购布艺沙发？

①看面料是专用沙发面料，还是普通窗帘面料，主要看厚度和抗拉强度。

②看布料的色调搭配是否和谐、大方。

③看框架的整体牢固度，重量轻者说明所用木材和填充料不到位。

④拉开活套，用手挤压海绵和蓬松棉，并多次坐靠，体验舒适程度和回弹强度。

010 双人沙发的一般尺寸是多少？

标准双人沙发尺寸在外围宽度上一般在140~200厘米之间，深度大约有70厘米。当然，这些数字并不是固定的，它是一个波动区间，在这个范围内或者是相近的尺寸的都是比较合理的。另外，人坐上沙发后坐垫凹陷的范围一般在8厘米左右为好。如果一款双人沙发的各方面数字能够相差无几，那么其尺寸就是标准双人沙发尺寸了。

011 三人沙发的标准尺寸是多少?

三人沙发一般分为双扶三人沙发、单扶三人沙发、无扶三人沙发三类。三人沙发座面的深度一般在 48 ~ 55 厘米之间,后靠背的倾斜度则以 100 ~ 108 度之间为宜,两侧扶手的高度在 62 ~ 65 厘米之间。

常见尺寸一	1900×700×780(毫米),这种一般是比较简单的三人沙发的尺寸,很多都是无扶手的,一般简装的房子或者是卧室中可以放一个这样的沙发
常见尺寸二	1700×800×700(毫米),这种就是比较小型的低背沙发的尺寸了,一般小户型很适用
常见尺寸三	2140×920×850(毫米),这种沙发尺寸一般是比较大气的沙发尺寸,皮艺三人沙发一般就差不多是这个尺寸,比较适合放在大客厅中
常见尺寸四	1920×1000×450(毫米),这种沙发尺寸一般是组合布艺沙发中三人沙发的尺寸

012 如何根据客厅的大小来选择沙发的尺寸?

小户型	小户型可以选择双人沙发或者是三人沙发,一般在 10 平方米左右的房子就可以摆放三人沙发了
稍大客厅	客厅比较大一些的,就可以选择转角沙发,转角沙发比较好摆放,一般最好选择布艺转角沙发,温馨一些。另外,还可以选择组合沙发,一般是一个单人位,一个双人位和一个三人位组成的(客厅应在 25 平方米以上)

013 布艺沙发的填充物是乳胶好吗？

目前，布艺沙发的填充物以海绵、羽绒和人造棉3种为主，但是乳胶作为新型填充物也受到了很多人的关注。乳胶沙发的弹性好，不过价格十分昂贵，而且经常供不应求。不论是天然乳胶，还是合成乳胶，它们的基本成分相似，但所谓的100%天然乳胶本身就不存在。

014 怎样判断沙发质量的好坏？

①**看沙发骨架是否结实**。具体方法是抬起三人沙发的一头离地少许，看另一头的腿是否离地，只有另一边也离地，检查才算通过。

②**看沙发的填充材料的质量**。具体方法是用手去按沙发的扶手及靠背，如果能明显感觉到木架的存在，则证明此套沙发的填充密度不高，弹性也不够好。轻易被按到的沙发木架也会加速沙发布套的磨损，降低沙发的使用寿命。有些沙发座带拉链能打开，能直观感受沙发内部填充物的做工以及木材的材质和干燥度。

③**检验沙发的回弹力**。具体方法是让身体呈自由落体式坐在沙发上，身体至少应被沙发坐垫弹起两次以上，才能确保沙发弹性良好，并且使用寿命会更长。

④**注意沙发细节处理**。打开配套抱枕的拉链，观察并用手触摸里面的衬布和填充物。抬起沙发看底部处理是否细致，沙发腿是否平直，表面处理是否光滑，腿底部是否有防滑垫等细节部分。好的沙发在细节部分，品质也同样精致。

⑤**用手感觉沙发表面**。查看是否有刺激皮肤的现象，观察沙发的整体面料颜色是否均匀，各接缝部分是否结实平整，做工是否精细。

015 6人餐桌的标准尺寸是多少？

类别	概述
6人方桌的尺寸	760毫米×760毫米的方桌和1070毫米×760毫米的长方形桌是常用的餐桌尺寸。如果椅子可伸入桌底，即便是很小的角落，也可以放一张六座位的餐桌椅。用餐时，只需把餐桌拉出一些就可以了。760毫米的餐桌宽度是标准尺寸的宽度，最少不宜小于700毫米，否则，对坐时会因餐桌太窄而互相碰脚。餐桌椅的脚最好是缩在中间，如果四只脚安排在四角，就很不方便。餐桌高度一般为710毫米，配415毫米高度的餐桌椅。桌面低些，就餐时可将餐桌上的食品看得清楚些
6人圆桌的尺寸	如果客厅、餐厅的家具都是方形或长方形的，圆桌面就会显得很别致。在一般中小型住宅中，如用直径1200毫米的餐桌，显得过大，可定做一张直径1140毫米的圆桌餐桌，同样可坐6~8人，但看起来空间较宽敞。如果用直径900毫米左右的餐桌，虽可坐多人，但不宜摆放过多的固定椅子

016 10人餐桌的标准尺寸是多少？

类别	概述
10人方桌的尺寸	长方形十人餐桌短边一般控制在800~850毫米，长边可以按人均占有550~700毫米计算，以接近700毫米为佳，例如，830毫米×562毫米这样的尺寸相当气派
10人圆桌的尺寸	圆形十人餐桌摆放在较大的餐厅中，非常华贵。一般尺寸为餐桌高750~790毫米，餐椅高450~500毫米，桌面直径在1500~1600毫米之间

017 如何选购餐桌?

①**确定用餐区的面积有多大。**假如房屋面积很大,有独立的餐厅,则可选择富于厚重感觉的餐桌和空间相配;假如餐厅面积有限,而就餐人数并不确定,可能节假日就餐人员会增加,则可选择目前市场上最常见的款式——伸缩式餐桌。面积有限的小家庭,可以让一张餐桌担任多种角色,如既可以当写字台,又可以当娱乐消遣的麻将台等。

②**根据居室的整体风格来选择。**餐区最好保持风格的简洁,可考虑购买一款玻璃台面、简洁大方的款式。餐桌的外形对家居的氛围有一些影响:长方形的餐桌更适用于较大型的聚会;圆形餐桌令人感觉更有民主气氛;不规则桌面则更适合两人小天地使用,显得温馨自然。

018　睡床的种类有哪些?

分类	概述
沙发床	可以变形的家具,能根据不同的室内环境要求和需要对家具本身进行组装。原本是沙发,拆解开就可以当床使用,是现代家具中比较适合小空间的家具,是沙发和床的组合
双层床	上下床铺设计的床,是一般居家空间最常使用的,非常节省空间。当一人搬出时,上铺便可成为放置杂物的好地方
平板床	由基本的床头板、床尾板加上骨架为结构的平板床,是一般最常见的式样。虽然简单,但床头板、床尾板却可营造不同的风格。具有流线线条的雪橇床,是其中最受欢迎的式样。若觉得空间较小,或不希望受到限制,也可舍弃床尾板,让整张床感觉更大
日床	在欧美较常见,外形类似沙发,却有较深的椅垫,提供白天短暂休憩之用。与其他种类床不同的是,日床通常摆设在客厅或休闲视听室,而非晚间睡眠的卧室
四柱床	最早来自欧洲贵族使用的四柱床,让床有最宽广的浪漫遐想。古典风格的四柱上,有代表不同风格时期的繁复雕刻;现代乡村风格的四柱床,可借由不同花色布料的使用,将床布置得更加活泼,更具个人风格

019　床的尺寸一般是多少?

分类	概述
单人床的标准尺寸	1.2米×2.0米或0.9米×2.0米
双人床的标准尺寸	1.5米×2.0米

续表

分类	概述
大床的标准尺寸	1.8米×2.0米

备注：以上是标准尺寸，过去的长度标准是1.9米，现在的大品牌款式基本上是2.0米。但注意这个床的尺寸是指床的内框架（即床垫的尺寸）。购买的时候要注意床的外框，因为不同款式的床外框是不一样的。如果是这几个尺寸以外的，属于特殊定做，是不能叫作标准尺寸的

020 榻榻米装修用什么材料好？

①**实木板最佳**。榻榻米最好的材料是实木板材，不仅环保，而且结实、耐用，表面再铺一层软木板，效果非常好。

②**细木工板便宜**。实木板虽好，但较贵。这种情况下，不妨选择细木工板。因为是做骨架，表面贴木地板，效果同样不错。但硬度不够、用胶太多的板材则不要考虑。

③**定制方便**。比如日式风格的榻榻米，可以考虑定制，不仅形式漂亮，而且功能设计也较为丰富。

板材最好选质量上乘的，基层最好刷漆，防止有蛀虫，如果不做储藏使用，也可以不刷漆。另外，做榻榻米的地方最好铺地面，会比较干净。榻榻米中的每个储物空间的跨度别太大，防止层板变形甚至断裂。

021 实木床该如何选购？

①**检查实木。** 挑选时，消费者可以看床相应位置的花纹和疤结是否对应。先看床体外侧的花纹，再看相应位置的背面是否有相应的花纹，如果对应得好，则是纯实木的；然后看床体外侧疤结的一面所在位置，再在另一面找是否有相应的疤结；最后再看实木是否有色差，真正的实木表面一般都是有色差的。

②**察看细节。** 看实木是否有开裂、结疤、虫眼、霉变，只要有这几种情况，就一律不要购买。

③**检查框架。** 好的实木床，都是采用榫槽等方式连接的，在局部承重比较大的地方，还采用螺钉和保护块等方式加固。消费者在挑选时，如果看到一款实木床整体只是用螺丝来固定的，最好不要购买。消费者可以坐在床上使劲蹦几下，看床是否会出现咯吱咯吱的声音，如果有，就最好不要购买。

④**闻味道。** 看是否有刺激气味，如果有刺激气味，很可能是实木床表面所刷油漆含的甲醛过量，遇到这种情况就千万不要购买，这样会对身体产生极大的危害。

⑤**要有保修卡。** 虽然说实木床很坚固，一般不会有什么质量问题，但是为保证我们的合法权益，一定要求产品有保修卡。这样，万一出了问题，保修就有所凭证。

022 儿童床的尺寸一般标准规格是多少？

儿童床的尺寸主要是看给多大的儿童使用。一般年龄比较小的儿童使用 1.6×0.9×0.35（米）即可，年龄较大的儿童可以选择 1.8×1.2×0.4（米）的床。

分类	概述
初生婴儿	宝宝刚出生时，不宜使用太大的床，一张小巧、美观、实用的婴儿床即可。现在的婴儿床一般既实用又安全，宝宝睡觉时即使翻身，也不用担心会掉下来，同时，也有足够大的空间可以在上面玩耍
学龄前	年龄 5 岁以下，身高一般不足 1 米，建议为其购买长 1～1.2 米、宽 0.65～0.75 米左右的宝宝床，按标准设计，此类床高度约为 0.4 米
学龄期	可以参照成人床尺寸来购买，即长度为 1.92 米、宽度为 0.8 米、0.9 米和 1 米三个标准，这样等宝宝长大后，床仍然可以使用

贺小侠支招

选购双层床时要注意下铺面至上铺底板的尺寸。一般层间净高应不小于0.95米，以保证宝宝有足够的活动范围，不会经常碰到头。

023 如何选购儿童家具?

儿童家具的选购上要注意其稳固性和环保性。小孩子都是活泼好动的小精灵,如果家具不够稳固,就很容易出现意外,而搁放东西的高架如不放稳,也会掉落砸到幼童。家具的材质应取自天然环保又不会对人体有害的物质。因为儿童会用嘴来尝试探索,所以儿童家具对用漆也十分讲究,应该使用无铅无毒无刺激的漆料。专家建议购买时,应选择去知名度和信誉度较高的商场或品牌专卖店购买。

024 如何选购床头柜?

床头柜应该整洁、实用,不仅可以摆放台灯、镜框、小花瓶,还可以令人躺在床上方便地取放任何需要的物品。床头柜的柜面要足够放下一盏台灯、一个闹钟、几本书、眼镜、水杯等常用物品。最好选择带有抽屉或隔板的床头柜,这样一些物品在不用的时候可以随手放进抽屉,以便营造出一个整洁的空间。

025 床头柜可以用梳妆台代替吗？

用梳妆台做床头柜一般是没有问题的，但要注意镜子不能对着床，即人躺在床上看不到镜子。

从居者心理角度来说，如果是单身女性，床头柜摆放在右边比较合适。如果是夫妻房，则看谁当家做主，男方做主，摆左边，女方主家，摆右边。如果一边还有床头柜，那就沿用传统习惯，左高右低为宜。

026 床头柜的尺寸标准是多少？

床头柜的标准尺寸国家有明确的规定：宽 400~600 毫米，深 350~450 毫米，高 500~700 毫米。其中，现代风格的床头柜时尚简单、造型简练，是最为常见的一种床头柜。该类型床头柜尺寸通常为 580×415×490（毫米）、600×400×600（毫米）及 600×400×400（毫米），可以适合搭配 1.5×2（米）和 1.8×2（米）的床。

现在不少品牌的床都有对应的组合床头柜，尺寸都是搭配好的。在买床的时候，不妨问一问。相对而言，成套的家具效果更为整体，也耐看一些。

027 如何选购梳妆台？

从梳妆台的功能来看，它绝对是卧室中最容易显得杂乱的角落。解决办法是选择带抽屉的梳妆台。此外，购买化妆台的时候不要忘了配套的凳子，这是保证凳子高度和柜子相匹配的最好办法，否则会给人带来极大的不便。大多数化妆台都配有一面镜子，一般设计在桌面以上的位置。台面下的抽屉应该安排合理，给使用者的腿部留出足够的空间，购买时最好亲自试一下。

028 衣柜是找木工打好，还是买整体衣柜好？

打衣柜	优点：根据空间量体裁衣，这样的衣柜严丝合缝，整体性好
	缺点：大部分的木工就是会一些简单的样式而已。此外，现场打衣柜，会涉及材料的损耗、浪费，经济上不太划算
买衣柜	优点：购买简单，可根据预算选择不同档次的衣柜，也可以选择各种各样的流行款式
	缺点：一是难以严丝合缝，二是材料质量无法保证

029 衣柜推拉门的尺寸是多少？

①**标准衣柜尺寸。**通常衣柜尺寸为 1200×650×2000（毫米）、1600×650×2000（毫米）和 2000×650×2000（毫米），所以衣柜推拉门尺寸为 600×2000（毫米）、800×2000（毫米）和 1000×2000（毫米）三种。

②**定做衣柜推拉门尺寸。**现在很多家具都可以定做，衣柜当然也不例外。在定做衣柜推拉门时，一定要考虑衣柜里的抽屉及穿衣镜等是否能正常打开，然后才能确定门的扇数，顺序不要搞反。虽说定做的尺寸可以自己做主，但是从安全性、实用性以及耐用性等方面综合考虑，衣柜长度大于 2 米时，考虑做成三门式的衣柜推拉门更为稳妥些。

贺小侠支招

在具体测量衣柜推拉门尺寸时，一定要量内径，然后再平均成两扇或者三扇，千万别忘了门与门有重叠的部分。

030 衣柜放杂物抽屉的标准尺寸是多少？

存放内衣、袜子、杂物、毛衣的抽屉各有要求，杂物抽屉应该扁平，毛衣等厚重衣物应该大而深。值得注意的是，抽屉的顶面高度最好小于 1250 毫米，深度在 150~200 毫米，宽度在 400~800 毫米，这样使用时更顺手。

031 如何根据不同需求选择整体衣柜？

不同年龄	衣柜需求
老年父母	老年父母的衣物，挂件较少，叠放衣物较多，可以考虑多做些层板和抽屉，但不宜放置在最底层，应该在离地面1米高左右，这样方便拿取
儿童	儿童的衣物，通常也是挂件较少，叠放较多，最好能在衣柜设计时就考虑一个大的通体柜，只有上层的挂件，下层空置，方便随时打开柜门取放和收藏玩具
年轻夫妇	年轻夫妇的衣物则非常多样化。长短挂衣架、独立小抽屉或者隔板、小格子这些都得有，便于不同的衣服分门别类地放置

着装习惯	衣柜需求
偏爱长款裙装和风衣	选择有较大的挂长衣空间的衣柜，柜体高度不低于1300毫米
偏爱西服、礼服	这类衣物要求挂在衣柜空间内，柜体高度不低于800毫米
偏爱休闲装	可多配置层架，层叠摆放衣物；以衣物折叠后的宽度来看，柜体设计时宽度在330～400毫米之间、高度不低于35毫米

备注：暗屉可以分类将领带、内衣整理好。抽屉的高度不低于150～200毫米

032 书房家具有哪些？选购要点是什么？

书房中的主要家具是书柜、书桌及座椅或沙发。另外，根据个人爱好及需求还可添置电脑、绘图桌等。

书房家具	选购要点
书柜	选择书柜时，一是考虑书柜的内外部尺寸。选择书柜前要针对自己已有的书籍和将来要添置的书籍决定书柜的样式。例如书籍多为32开木，则没必要选择层高和厚度均为大16开木书籍设计的书柜，以免白白浪费宝贵空间。二是注意书柜的结实度。书籍较重，不同于其他家具中收纳的物品，因此对结实度的要求很高。尤其是中间横板要求结实，竖向支撑力也要强，这样整体才能牢固耐用
书桌	家用书桌最好不要采用写字楼用的办公桌，因其不一定与其他家具相协调。一般单人书桌可用 60×110（厘米）的台面，台高 71～75 厘米。台面至柜屉底不可超过125毫米，否则起身时会撞脚。靠墙书桌，离台面45厘米处可设一10厘米灯槽，这样书写时看不见光管，但台面却有充足光照。14 岁以下小孩使用的书桌，台面至少应为 50×50（厘米），高度应为 58～71 厘米
座椅	好的座椅具有双气动功能，既可以调节椅子高低，又可调节椅背的俯仰角度。选购时，业主可坐下并感觉椅背是否软硬适中，椅背曲线是否契合人体脊柱的弯曲度，全面承托背部、腰部，确保正确坐姿；椅座是否宽阔厚实，既能减轻身体坐下时由人体重量所产生的冲击力，亦能舒缓长期伏案时臀部所承受的压力，松弛身心，提高工作效率。同时，还要注意脚轮的挑选，看是否安全畅滑，在地毯上能否自如转动，滚轮的塑胶质地是否太硬而对地板有伤害

033 | 电脑桌的一般尺寸是多少？

电脑桌一般桌面高度 74 厘米，宽度 60~140 厘米。电脑桌尺寸设计一定要科学，如果电脑桌设计不合理，会导致腰背痛、颈肌疲劳或劳损、手肌腱鞘炎和视力下降等疾病。

034 鞋柜尺寸的标准是多少?

①**鞋柜高度、宽度与深度。**一般鞋柜尺寸高度不要超过 800 毫米，宽度可根据所利用的空间宽度合理划分，深度是家里最大码的鞋子长度，通常尺寸在 300~400 毫米之间。如果想把鞋盒也一并放到鞋柜上，那在设计规划及定制鞋柜前，一定要先丈量好使用者的鞋盒尺寸，作为鞋柜深度尺寸依据。

②**鞋柜层板间高度。**鞋柜层板间高度通常设定在 150 毫米以内，但为了满足男女鞋高低的落差，在设计的时候，可以在两块层板之间多加些层板粒，将层板设计为活动层板，让层板间距可以根据鞋子的高度来调整间距。摆放鞋子的时候，可以将男女鞋分层放置。例如，一些低帮的或者童鞋可放在鞋柜较低的层板间，高跟鞋可以放在较高的鞋层，这样不但可以提升鞋柜的收纳功能，而且为不同款式的鞋找到最合适的放置地方。

贺小侠支招

如果还想在鞋柜里面摆放其他的一些物品，如吸尘器、苍蝇拍等，深度则必须在 400 毫米以上才行。

035 消毒柜有哪些种类及特点？

分类	概述
按功能分	有单功能的和多功能的两种。单功能消毒柜通常采用高温、臭氧或紫外线等单一功能进行消毒；多功能消毒柜多采用高温、臭氧、紫外线、蒸汽、纳米等不同组合方式来消毒，能够杀灭多种病毒、细菌
按消毒室数量分	有单门、单门双层、双门及多门消毒柜。单门消毒柜一般只有一种消毒功能；双门消毒柜一般为两种或两种以上消毒方式的组合。一般地说，单门消毒柜适用于集体饭堂和酒店等的餐具消毒，属高温消毒；而双门宜为家庭选用，因为家庭中的餐具一般可分为耐高温和不耐高温两类，而且一般的双门柜都具有高温和低温消毒两种功能

036 消毒柜的尺寸是多少？

分类	概述
嵌入式	嵌入式消毒柜分双门和三门，两种尺寸相差较大。使用最广泛的双门嵌入式消毒柜，一般来说长600毫米左右，宽420～450毫米，高650毫米左右。每款消毒柜的尺寸也会略微有差别
立式	立式消毒柜的摆放方式比较灵活，尺寸也相应更为多样化，具体的消毒柜尺寸消费者可以根据自己家的情况购买
壁挂式	如果是家用，标准容量一般在80～100升就可以了。具体的消毒柜尺寸消费者可以根据自己家的设计情况购买

037 如何选购消毒柜？

①消毒柜的箱体结构外形应端正，外表面应光洁、色泽均匀，无划痕，涂覆件表面不应有起泡、划痕和剥落等缺陷。

②箱体结构应牢固，门封条应密闭良好，与门黏合紧密，不应有变形。

③柜门开关和控制器件应方便、灵活可靠，紧固部位应无松动。

038 什么是板式家具？特点是什么？

板式家具是指由人造板材加五金件连接而成的家具。这种家具拆装方便、节省木材、色彩多样，是家具业正在大力发展的品种。

039 如何选购板式家具？

①**看五金连接件。**金属件要求灵巧、光滑、表面电镀处理好，不能有锈迹、毛刺等，配合件的精度要高。塑料件要造型美观，色彩鲜艳，使用中的着力部位要有力度和弹性，不能过于单薄。开启式的连接件要求转动灵活，这样家具在开启使用中就会平稳、轻松，无摩擦声。

②**看封边贴面。**仔细找瑕疵，封边质量很大程度上影响家具的质量。首先是封边材料的优劣，其次要注意封边是否有不平、翘起现象。良好的封边应和整块板材严丝合缝。贴面材料对家具档次影响很大，要触摸表面漆膜，一般高档板式家具为实木贴面，中档是纸贴面，一次成型且表面为胶贴面的价格更低一些。其中，纸贴面又因处理工艺不同而档次有差别。

③**看板材质量。**仔细查看板材的边、面的装饰部件上涂胶是否均匀，粘接是否牢固，修边是否平整光滑，旁板、门板、抽屉面板等下口处可视部位端面是否封边处理，装饰精良的板材边廓上摸不出粘接的痕迹。拼装组合主要看钻孔处企口是否精致、整齐，连接件安装后是否牢固，平面与端面连接后T形缝有没有间隙，用手推动有没有松动现象。

④**看尺寸大小。**家具市场目前主要以成套卧房家具和办公家具为主，另外还有多功能的影视电器柜等产品。家具的主要尺寸国家标准均有规定要求。在选购家具时，需要了解这些主要尺寸，因为家具如果小于规定尺寸，使用时会带来诸多不便。如大衣柜空间深度过小会影响挂衣服，造成门关闭不上等现象。

040 什么是实木家具？特点是什么？

实木家具由于其天然环保、花纹秀丽、经久耐用等特点受到越来越多人的欢迎。但实木家具的最大缺陷是易变形，所以，在购买实木家具时，一定要选择名牌厂家的产品。一些优秀厂家的产品往往对实木材料进行了严格的干燥处理，将木材含水率保持在限定范围内，这样的家具不易变形，而且售后服务也有保障。另外，由于含水率的变化可能导致实木家具变形，所以，在使用过程中也要小心呵护，如不能让阳光照射，不能过冷过热，过于干燥和潮湿的环境对实木家具也不适宜。

041 什么是红木家具？特点是什么？

红木家具是指用酸枝、花梨木等古典红木制成的家具，是明清以来对稀有硬木优质家具的统称。中国传统古典红木家具流派中，主要有京作、苏作、东作、广作、仙作、晋作和宁式家具。

特点	概述
功能合理	红木家具按照人体功能比例尺度，能符合人体使用功能上的要求，具有很高的科学性。以椅子为例，其中的弯背椅、圈椅均契合人体需要，坐感舒适
造型优美	庄重典雅的红木家具，在变化中求统一，雕饰精细，线条流畅。既有简洁大方的仿明式，又有雕龙画凤、精心雕琢的仿清式，也有典雅大方的法式等，适合不同人的审美需求
结构严谨、做工精细	红木家具大都采用榫卯结构，做法灵妙巧合，牢固耐用。中国传统的红木家具，基本上都是由工艺师们一刀一锯一刨完成，讲究整体艺术上的和谐统一
用料讲究	真正的中国传统红木家具均用质地优良、坚硬耐用、纹理沉着、美观大方、富于光泽的珍贵硬木即红木制成
保值增值	红木资源有限，生长周期又非常长，有的可达几百年。因此，物以稀为贵的红木家具将越来越提升价值

042 红木家具有哪些种类？

种类	概述
紫檀	自古以来，紫檀就被认为是最名贵的木材，由于生长缓慢，大部分的家具都是数块接榫，如果有整面板材则相当珍贵。紫檀的色泽多为紫黑色，几乎不见纹理，但骨子里透露的那种高贵却是其他木材所难以比拟的
黄花梨	黄花梨多半出现在明式家具上。黄花梨木质致密，颜色从浅黄到暗棕，纹理戏隐戏现，生动多变。黄花梨家具使用越久，色泽反而越光亮
花梨木	花梨木由于价格适中，是目前红木家具的主要材料。它的特点是边材黄白色到灰褐色，芯材浅黄褐色、橙褐色、红褐色到紫褐色，材色较均匀，可见深色光泽，纹理呈雨线状，色泽柔和，重量较轻，能浮于水中
鸡翅木	鸡翅木与其他硬木相同，其质地坚实，纹理紫褐色深浅相间，纤细动人
酸枝	真正好的酸枝近似紫檀，但光泽与颜色略淡，色泽温润，其产量也较多，自然价格也较低

043 如何选购红木家具？

①**注重红木家具树种标识**。红木家具一般以原木为基材，国家标准规定属于红木树种的有紫檀木、花梨木、香枝木、黑酸枝木、红酸枝木、乌木、条纹乌木和鸡翅木 8 类 33 个树种。在选购时，首先要详细了解家具标识中用材名称和材种产地，因为红木的主要树种绝大多数是从东南亚、热带非洲和拉丁美洲进口。因此，一定要了解家具材种的名称产地，并要求在购买合同或发票上注明树种名称和产地。

②**注重红木家具的真实用材**。在红木家具的用材要求上，国家标准和地方标准均有严格的规定：标称全红木家具规定，家具的各木质部件（镜子托板除外）均采用同一种红木类材种；标称红木家具规定，产品外表目视部位均采用同一种红木类材种，内部及隐蔽处可使用其他近似的非红木类材料；标识红木面家具规定，产品外表目视面可采用红木类材种实板，不外露的木质部件采用其他非红木类材料或红木贴面夹板制成。

③**注重红木家具的外观质量**。在选购或成品交货验收时应注意：检查产品的规定尺寸是否符合要求；产品的艺术造型，如雕刻部位是否图案光整、清晰、层次分明；铲底是否平整、光洁、无刀痕；图案花纹等对称部位是否对称；产品的部件结构、板件拼缝或铆榫结合是否严密牢固，无松动和裂缝；漆膜表面是否平整光滑，无漏漆，色泽是否均匀相似；木纹是否清晰无划痕；产品的门、抽屉开启是否灵活等。

④**注重红木家具的售后服务**。红木家具由于采用实木加工制作，随着使用后的环境四季温湿度变化，比较容易引起家具零部件的自然收缩、裂缝等现象。因此，购买时要选择有一定信誉、有书面产品质量保证书的产品。一般比较规范的生产企业会在交付使用后一定的时间内，上门为业主进行适当的整理维护工作。

044 花梨木家具的优缺点是什么？

　　花梨木是热带常绿小乔木，花梨木类归为紫檀属，包括印度紫檀、刺猬紫檀、大果紫檀、乌足紫檀、越柬紫檀、安达曼紫檀、囊状紫檀等，木性坚，紫红色，有花纹，微香，芯材常为红褐色和紫红色，木质坚硬，结构细腻，不沉于水，纹理精美，适于雕刻，常用来制作成家具。

优点	不易腐蚀、耐摩擦、结构牢固、雕刻花纹精巧、油漆不易脱落、不易变色、收藏价值比较高
缺点	不易干燥、容易虫蛀、一些老家具上可能会出现虫眼、价格高

　　现在，有不少商家都强调自家花梨的产地，比如缅甸花梨、泰国花梨、老挝花梨等，无从辨别其本身材质。而就算产地不同，如果是同一个树种，产地的区别对树种并没有多大影响。市场上价值因产地而不一，完全出于商家和买家自身的看法。至于其他种类的花梨，如果树种相同，大可不必顾虑其产地对其价值到底有多大影响。

045 水曲柳家具的优缺点是什么？

水曲柳实木家具是指以植物水曲柳的木材做成的实木家具。

优点	坚硬耐磨，具有良好的总体强度性能、良好的抗震力和蒸汽弯曲强度；价格适中，木纹清晰美丽，耐腐、耐水性能好；易加工、韧性大，能用钉、螺丝及胶水很好地固定，可经染色及抛光而取得很好的表面效果，切面很光滑，油漆和胶黏性能好，适合干燥气候的地区使用
缺点	不易干燥，易产生翘裂；没有心材抗腐力，白木质易受留粉甲虫及常见家具甲虫蛀食；制作全实木家具，多用小木块拼接，大块的木材收缩变形大

贺小保支招

水曲柳家具保养要注意防虫。要经常地擦拭，一般最好用柔软的抹布，顺着纹理擦拭，然后再适量地放一些防虫剂。通常情况下，一个季度要对水曲柳家具进行一次打蜡保养，保护好家

具不被湿气入侵，也可保护表面。水曲柳家具保养还要注意温度，一般要求室内的温度尽量保持在 20 ~ 30℃，湿度保持在 40% ~ 50%。摆放时尽量别放在过潮或干燥的地方，应尽量使家具远离诸如去污剂、墨水等含腐蚀性和易染色的物品。水曲柳家具保养还应该要注意的是，实木家具都惧怕曝晒，所以要避免阳光长期照射。

046 橡木家具的优缺点是什么？

橡木家具是目前家具市场中比较流行的一类实木家具，采用橡木为原材料，经现代木工工艺精制而成。

优点	橡木比较沉，很有质感，也比较硬，力学强度很高，具有很好的耐磨特性；橡木的纹理一般比较直，各个纹理之间比较粗，具有很好的观赏性和装饰性；具有很好的天然色泽感，主要是红色和白色，天生丽质，完全不需要做过多的修饰与加工；质地比较细密，耐酸碱，不易被腐蚀，也比较耐潮
缺点	主要依赖进口，价格贵；由于材质难求，造假较多，风险高

047 乌金木家具的优缺点是什么？

乌金木是非洲的斑马木，又名"黑檀"，古称"乌"或"乌文"等，是较高档的家具材料。

优点	天然的纹理，散发着浓烈的自然气息；带有金属质感，是乌金木家具成为名贵家具的原因之一；密度大、硬度高，因此比其他木材要沉得多，个性十足
缺点	不能适应太冷或太热的环境，无论是干燥还是潮湿的环境，都有可能导致乌金木家具的材质受损；处理麻烦，对处理方法和工艺的要求极高，如果这两项不过关，会造成家具材质腐朽、褪色的问题，影响家具整体的美观度和品质

048 榆木家具的优缺点是什么？

榆木家具是明清时期的代表家具，其木质带有坚韧的特点。

优点	榆木家具经久耐用，并且环保、无味、无污染；榆木家具常采用榫卯结构，不用一根钉子，结构严谨，做工精细；中国的榆木家具以明式款为主，造型简练，线条流畅，风格典雅大方；榆木纹理通达清晰，刨面光滑，弦面花纹美丽，有着近似"鸡翅木"的花纹
缺点	榆木有新老之分。易变形、爱长虫、收缩严重是新榆木家具的缺点；而老榆木的缺点是有些地方会有老虫眼、老开裂、老榫头眼等问题

049 什么是柏木家具？有什么特点？

柏木是一种天然生长的树木，会散发出一股芳香宜人的气息。柏木的香味不仅可以安神补脑，还有清热解毒的作用，对净化空气和稳定紧张情绪都有很好的作用。另外，柏木制成的家具木质坚硬细腻，长期使用不会出现褪色变形的问题，并且具有超强的耐腐蚀性，不怕潮湿和水渍的侵害。

需要注意的问题是，柏木在制作成家具的时候因为节疤比较多，一旦处理不好就会影响外观，因此在购买的时候一定要仔细观察节疤的处理情况。一些节疤明显的柏木家具，证明厂家的制作工艺比较低档，会影响后期的使用，所以最好不要购买。

050 红榉木家具和红橡木家具哪个更好？

红榉木家具	优点：坚固、抗冲击能力好，在蒸汽下易于弯曲，容易制造造型，纹理清晰、质地均匀，色调柔和、流畅，是制作家具的好木材
	缺点：容易开裂，在窑炉干燥和加工时容易出现裂纹
红橡木家具	优点：本身具有鲜明的山形木纹，纹理美观大方；具备良好的质感，是档次较高的实木家具；质地坚硬、加工性能良好，适合制作欧式家具
	缺点：主要分布于美国东部地区，木材依赖进口，价格较高；质地较沉，脱水处理比较困难，而未脱净水的木材制作出来的家具，变形的概率比较高；市面上用橡胶木代替红橡木的现象普遍存在，消费者的利益不能得到很好的保障

051 纯实木家具刚买时有味道吗？

一般来说，纯实木家具刚买回来时应该是没有什么味道的，如果有，也是木材本身的味道。家具的木材主要有水曲柳、楸木、柞木红木类、桃花芯木、橡木类等，不同木材制作的家具气味也会不一样。但是对于表面刷了漆的实木家具来说，肯定会有味道，主要是油漆的味道。

贺小保支招

家具的味道主要来源于油漆或人造板材里的脲醛胶。很多消费者把闻到的刺激性味道认为是甲醛，这就大错特错了，实际上甲醛是没有味道的，刺鼻的气味一般是油漆的味道，而好的油漆里面不含甲醛。所以，看家具是否环保，主要还是看原料、制作工艺是什么。

052 松木家具有味道怎么办？ 如何去除味道？

如果松木家具有味道，首先应该判断是什么味道，是松木本身的味道还是松木表面的油漆味道。如果是松香的味道，则不必担心，此种气味对人体是没有害处的，可以多通风或者摆放一些有香味的花草来掩饰。如果是油漆或者明显是甲醛的味道，则需注意。如果放置一段时间还有很浓厚的甲醛味道，那么很有可能是甲醛超标，根据国家规定，如超标可向经销商索赔。

甲醛味道不太浓可用以下办法祛除：

①采用自然环保的办法，家里面多栽培一些兰科植物，如仙人掌、芦荟等。

②准备一些洋葱、橘子皮之类的东西，这类蔬果表皮本身的气味浓厚，可降低异味。

③家具放在通风的地方，经常开开窗，增强室内空气的流通。

④购买甲醛清洁剂，可以祛除松木家具味道。

⑤购买家用臭氧机、空气净化碳以及杀菌消毒灯等。

053 现代风格的家居中可以选择什么家具进行装饰?

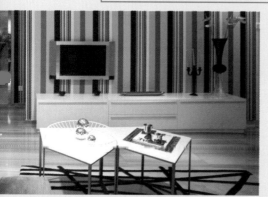

①**造型茶几。** 在现代风格的客厅中，除了运用材料、色彩等技巧营造格调之外，还可以选择造型感极强的茶几作为装点的元素。此种手法不仅简单易操作，还能大大地提升房间的现代感。

②**线条简练的板式家具。** 板式家具简洁明快、新潮，布置灵活，价格选择空间大，是家具市场的主流。而现代风格追求造型简洁的特性使板式家具成为此风格的最佳搭配，其中以茶几和电视背景墙的装饰柜为主。

054 后现代风格的家居中可以选择什么家具进行装饰?

后现代家具主张新旧融合、兼容并蓄的折中主义立场，使用大量精巧优雅的弧线设计，富有韵律之美。后

现代家具由于使用功能的降低、审美功能的上升，使得外观形式及结构完全没有固定程序可依，其表现形式从天真、滑稽直到怪诞离奇，简直到了一切幻想的形式均可实现的境地。

055 简约风格的家居中可以选择什么家具进行装饰？

多功能家具是一种在具备传统家具初始功能的基础上，实现更多新设功能的家具类产品，是对家具的再设计。例如，在简约风格的居室中，可以选择沙发床、具有收纳功能的茶几和厨房岛台等，这些家具为生活提供了便利。

简约家居中，选择家具最简单的方法就是不要和家里的主色调出现色彩冲突。可以在简约的家居中摆放几件造型、色调都不复杂的家具，再放上一两件喜爱的装饰品，自然简洁、富有时代气息的简约风格家居就完成了。

056 混搭风格的家居中可以选择什么家具进行装饰？

①现代家具 + 中式古典家具。 混搭风格的家居中，现代家具与中式古典家具相结合的手法十分常见。一般来说，中式家具与现代家具的搭配黄金比例是 3：7，因为中式家具的造型和色泽十分抢眼，太多反而会令居室显得杂乱无章。

②形态相似的家具 + 不一样的颜色。 混搭风格的家居中也可以选择色彩不一样但形态相似的家具作为组合。这样的组合手法既可以令空间元素显得不那么杂乱，又可以达到混搭家居追求差异的效果。

057 新中式风格的家居中可以选择什么家具进行装饰？

①**线条简练的中式家具**。新中式的家居风格中，庄重繁复的明清家具的使用率减少，取而代之的是线条简单的中式家具，体现了新中式风格既遵循着传统美感，又加入了现代生活简洁的理念。

②**现代家具＋清式家具**。现代家具与清式家具的组合运用，也能弱化传统中式居室带来的沉闷感，使新中式风格与古典中式风格得到有效的区分。另外，现代家具所具备的时代感与舒适度，也能为居者带来惬意的生活感受。

058 美式乡村风格的家居中可以选择什么家具进行装饰？

美式乡村风格的家具主要以殖民时期风格为代表，体积庞大，质地厚重，坐垫也加大，彻底将以前欧洲皇室贵族的极品家具平民化，气派而且实用。主要使用可就地取材的松木、枫木，不用雕饰，仍保有木材原始的纹理和质感，还刻意添上仿古的瘢痕和虫蛀的痕迹，创造出一种古朴的质感，展现原始粗犷的美式风格。

贺小俊支招

美式乡村风格家具的一个重要特点是其实用性比较强，比如，有专门用于缝纫的桌子，可以加长或拆成几张小桌子的大餐台。另外，美式家具非常重视装饰，风铃草、麦束、瓮形等图案，都是很好的装饰。

059 法式田园风格的家居中可以选择什么家具进行装饰？

　　象牙白可以给人带来纯净、典雅、高贵的感觉，也拥有着田园风光那种清新自然之感，因此很受法式田园风格的喜爱。而象牙白家具往往显得质地轻盈，在灯光的笼罩下更显柔和、温情，很有大家闺秀的感觉。

法式田园风格是最具有人文风情的家居风格。在家具的选择上，喜欢舒适的家具，在细节方面，使用自然材质家具，充分体现出自然的质感。此外，一些仿法式宫廷风格的家具，在条件允许的情况下，也可以选择使用。

060 英式田园风格的家居中可以选择什么家具进行装饰？

手工沙发在英式田园家居中占据着不可或缺的地位，大多是布面的，色彩秀丽、线条优美；柔美但是很简洁；注重面料的配色

与对称之美，越是浓烈的花卉图案或条纹越能展现英国味道。

061 北欧风格的家居中可以选择什么家具进行装饰？

①**板式家具。**使用不同规格的人造板材，再以五金件连接的板式家具，可以变幻出千变万化的款式和造型。而这种家具也只靠比例、色彩和质感，来传达美感。

②**符合人体曲线的家具。**"以人为本"是北欧家具设计的精髓。北欧家具不仅追求造型美，更注重从人体结构出发，讲究它的曲线如何在与人体接触时达到完美的结合。它突破了工艺、技术僵硬的理念，融进人的主体意识，从而变得充满理性。

062 新欧式风格的家居中可以选择什么家具进行装饰？

新欧式家具在古典家具设计师求新求变的过程中应运而生，是一种将古典风范与个人的独特风格和现代精神结合起来，而改良的一种线条简化的复古家具，使复古家具呈现出多姿多彩的面貌。

贺小保 支招

新欧式风格是经过改良的古典主义风格，高雅而和谐是其代名词。在家具的选择上，一方面保留了传统材质和色彩的大致风格，同时又摒弃了过于复杂的肌理和装饰，简化了线条。因此，新欧式风格从简单到繁杂、从整体到局部，精雕细琢、镶花刻金都给人一丝不苟的印象。

063　洛可可风格的家居中可以选择什么家具进行装饰？

　　洛可可风格的家居适合纤细弯曲的尖腿家具。这种家具起源于法国历史上著名的君主路易十五，家具风格随宫中贵妇爱好转移，那种具有粗大扭曲腿部的家具不见了，代之以纤细弯曲的尖腿家具，可以很好地体现出女性的柔美。

064　韩式风格的家居中可以选择什么家具进行装饰？

　　①**低姿家具**。席地而坐，贴近自然。韩国的家具因为人的这种生活态度，而呈现"低姿"的特色，很难发现夸张的家具，同时低姿家具也会令家居空间利用更加紧凑。

　　②**白色家具＋碎花**。色彩统一的象牙白韩式家具一般造型都比较简约大方，线条流畅自然，单从视觉上就能感受到清新的效果和良好的质感。而不大不小的精美小碎花则是韩式田园风格的一大鲜明特征，与白色家具相搭配，既雅致，又能营造出一个属于自己的"花花世界"。

　　③**韩式榻榻米床**。韩式榻榻米床不仅可以用于睡觉，还可以摆放至客厅一角，或者放置在阳台上。此外，韩式榻榻米一般还具有储物收纳功能，可以将家中的零碎物品放在里面，令居室看起来更加井井有条。

065 条案的特点是什么？如何在家居空间中运用？

案类家具在古代多数作供台之用，大型的有 3 ~ 4 米长，条案的脚造型多样，有马蹄、卷纹等形状，台面有翘头和平头两种。在现代家居中，多将规格改小，作为玄关用或放在走廊、客厅、书房等地，台上面摆设装饰品，营造和谐、庄严的气氛。

066 屏风的特点是什么？如何在家居空间中运用？

屏风的制作多样，由自由挡屏、实木雕花、拼图花板组合而成，还有黑色描金屏风，手工描绘花草、人物、吉祥图案等描绘，色彩强烈，搭配分明。除用作屏风外，还可在现代家居的餐厅隔间、客厅等摆设。

067 圈椅的特点是什么？如何在家居空间中运用？

圈椅最明显的特征是圈背连着扶手，从高到低一顺而下，坐靠时可使人的臂膀都倚着圈形的扶手，感觉十分舒适，是中国独具特色的椅子样式之一。圈椅是最能营造中式风格的简单元素，两椅一几摆设在客厅、书房等地方，淳朴、沉稳感油然而生。

第二章 灯 饰

灯饰可谓是家居的眼睛，家庭中如果没有灯具，就像人没有了眼睛。如今，人们将照明的灯具叫作灯饰，也可以说灯饰里包括灯具。从称谓上就可以看出，灯具已不仅仅用来照明，同时可以用来装饰房间。

068 灯具在居室装饰中可以起到什么作用？

灯具是居室内最具魅力的情调大师，其不同的造型、色彩、材质、大小，能为不同的居室营造不同的光影效果。如今的灯具被称为灯饰，可以看出灯具从单一的实用性到兼具实用性和装饰性的转变。

069 什么是漫射光源与点射光源？

正确的选择光源并恰当地使用它们可以改变室内氛围，创造出舒适的家居环境。要想塑造舒适的灯光效果，设计时宜结合家具、物品陈设来考虑。如果一个房间没有必要突出家具、物品陈设，就可以采用漫射光照明，让柔和的光线遍洒每一个角落；而摆放艺术藏品的区域，为了强调重点，可以使用定点的灯光投射，以突出主题。

070 如何运用灯光调节居室中的氛围？

不同材质的灯具具有不同的色彩温度，低色温给人温暖、含蓄、柔和的感觉，高色温给人清凉奔放的气息。不同色温的灯光，能够调节居室的氛围，营造不同的感受。例如：餐厅中采用显色性好的暖色吊灯，能够更真实地反映出食物的色泽，引起食欲；卧室中的灯光宜采用中性的、令人放松的色温，加上暖调辅助，能够营造出柔和、温暖的氛围；厨卫应以功能性为主，灯具的显色性要好一些。（色温：通常人眼所见到的光线，是由七种色光的光谱叠加组成，但其中有些光线偏蓝，有些则偏红，色温就是专门用来量度和计算光线的颜色成分的方法。）

071 如何运用灯光调节居室中的重量感？

光与影在视觉上给人不同的重量感，明亮的光线给人扩张及轻盈感，而昏暗的光影则给人收缩和重量感。在家居设计中，若喜好现代简约风格，家居空间中宜采用明亮的光，从而诠释休闲自由、轻便的生活理念；如果追求豪华、带有文化底蕴的复古风格，可运用强烈的光影对比，加强空间的层次感；假如运用低色温灯光，对室内局部进行重点照明，可以将空间渲染出一种厚实、稳重的氛围。

072 如何运用灯光调节居室中的距离感？

如果等距离地看两种颜色，一般而言，暖色比冷色更富有前进的特性，两色之间，亮度偏高、饱和度偏高的呈前进性，因此不同色温的灯光能够对环境的距离感产生影响。例如，想要墙面在视觉上看起来近一些，可以采用暖色温的灯光，反之，可采用冷色温的灯光。同样的，相同的物体如果用亮度高的灯光照射则具有拉近感，反之则感觉距离远。在居室环境设计中要考虑到灯光的色温对物体本身的色彩以及距离感的影响，根据主人对家居风格的追求和生活的品位来决定灯光对物体距离感的影响。

073 灯具可以分为哪些类别？

标准	概述
用途	可分为吊灯、吸顶灯、落地灯、壁灯、台灯、射灯、筒灯以及工艺蜡烛等
造型	灯具的造型有仿古、创新和实用三类。吊灯、壁灯、吸顶灯等都是依照18世纪宫廷灯具发展而来的，适合于空间较大的社交场合。造型别致的现代灯具，如各种射灯、牛眼灯属于创新灯具。平叫的台灯、落地灯等都属了传统的常用灯具。这二类灯的造型在总体挑选时应尽量追求系列化。选择灯具时，若注重实用性，可以挑选黑色、深红色等深色系镶边的吸顶灯或落地灯；若注重装饰性又追求现代化风格，可选择活泼点的灯饰；如喜爱民族特色造型的灯具，则可以选择雕塑工艺落地灯

074 吊灯有什么特点？适用于家居中的哪些场合？

吊灯常用的有欧式烛台吊灯、中式吊灯、水晶吊灯、羊皮纸吊灯、时尚吊灯、锥形罩花灯、尖扁罩花灯、束腰罩花灯、五叉圆球吊灯、玉兰罩花灯、橄榄吊灯等。用于居室的分单头吊灯和多头吊灯两种。吊灯多用于卧室、餐厅和客厅。吊灯在安装时，其最低点应离地面不小于2.2米。

075 吊灯该如何选购?

　　一般来讲,选吊灯需要注意以下几点:悬挂的高度、灯罩、灯球的材质与形式均需小心选择,以免造成令人不舒服的眩光。吊灯的高度要合适,一般离桌面大约 55 ~ 60 厘米,而且应选用可随意上升、下降装置的灯具,以便利于调整与选择高度。比如塑料材质的米白色吊灯,造型天然无雕饰,灯罩的螺旋造型可随意调整。

076 吸顶灯有什么特点? 适用于家居中的哪些场合?

　　常用的有方罩吸顶灯、圆球吸顶灯、尖扁圆球吸顶灯、半圆球吸顶灯、半扁球吸顶灯、小长方罩吸顶灯等。安装简易,款式简洁,具有清朗明快的感觉。吸顶灯适合于客厅、卧室、厨房、卫浴等处的照明。

077 吸顶灯该如何选购？

①**看面罩**。目前市场上吸顶灯的面罩多是塑料罩、亚克力罩和玻璃罩。其中，最好的是亚克力罩，其特点是柔软、轻便、透光性好，不易被染色，不会与光和热发生化学反应而变黄，而且它的透光性可以达到 90% 以上。

②**看光源**。有些厂家为了降低成本，有意把灯的色温做高，给人错觉以为灯光很亮，但实际上这种亮会给人的眼睛带来伤害，引起疲劳，从而降低视力。好的光源在间距 1 米的范围内看书，字迹清晰，如果字迹模糊，则说明此光源为"假亮"，是故意提高色温的次品。色温就是光源颜色的温度，也就是通常所说的"黄光""白光"，通常会用一个数值来表示，黄光为 3300K 以下，白光为 5300K 以上。

③**看镇流器**。所有的吸顶灯都是要有镇流器才能点亮的，镇流器能为光源带来瞬间的启动电压和工作时的稳定电压。镇流器的好坏，直接决定了吸顶灯的寿命和光效。要注意购买大品牌、正规厂家生产的镇流器。

078 落地灯有什么特点？适用于家居中的哪些场合？

落地灯常用作局部照明，不讲究全面性，而强调移动的便利性，对于角落气氛的营造十分实用。落地灯的采光方式若是直接向下投射，适合阅读等需要精神集中的活动。若是间接照明，可以调整整体照明的光线变化。

落地灯一般放在沙发拐角处。落地灯的灯光柔和，灯罩材质种类丰富，可根据喜好选择。落地灯的灯罩下边应离地面 1.8 米以上。

079 什么是壁灯？有哪些种类？

　　壁灯是室内装饰灯具，一般多配用乳白色的玻璃灯罩。壁灯的种类和样式较多，一般常见的有吸顶式、变色壁灯、床头壁灯、镜前壁灯等。在现代壁灯设计中，由于壁灯特有的形态以及功能，使得其造型夸张、花样繁多、美感十足。

080 壁灯适用于家居中的哪些场合？该如何安装？

　　壁灯灯泡功率多在15～40瓦左右，光线淡雅和谐，可把环境点缀得优雅、富丽，尤以新婚居室特别适合。另外，壁灯适合于卧室、卫浴照明。壁灯安装的位置应略高于站立时人眼的高度，其灯泡应离地面不小于1.8米。另外，其照明度不宜过大，这样更富有艺术感染力。可在吊灯、吸顶灯为主体照明的居室内作为辅助照明交替使用，既节省电，又可调节室内气氛。

081 如何选购壁灯?

　　市场上档次较高的壁灯价格在 80 元左右,档次较低的壁灯价格在 30 元左右。选壁灯主要看结构、造型,一般机械成型的较便宜,手工的较贵。铁艺锻打壁灯、全铜壁灯、羊皮壁灯等都属于中高档壁灯,其中铁艺锻打壁灯销量最好。除此之外,还有一种带灯带画的数码万年历壁挂灯。这种壁挂灯有照明、装饰作用,又能作日历,很受业主欢迎。

082 台灯有什么特点? 适用于家居中的哪些场合?

　　台灯属于生活电器,按材质分为陶灯、木灯、铁艺灯、铜灯等,按功能分为护眼台灯、装饰台灯、工作台灯等,按光源分为灯泡、插拔灯管、灯珠台灯等。台灯光线集中,便于工作和学习。一般客厅、卧室等用装饰台灯,工作台、学习台用节能护眼台灯。

083 射灯有什么特点？适用于家居中的哪些场合？

　　射灯的光线直接照射在需要强调的家具器物上，以突出主观审美作用，达到重点突出、层次丰富、气氛浓郁、缤纷多彩的艺术效果。射灯光线柔和，雍容华贵，既可对整体照明起主导作用，又可局部采光。烘托气氛射灯可安置在吊顶四周或家具上部，也可置于墙内、墙裙或踢脚线里。

084 射灯的优点是什么？

　　①安全性好：固态光源、无充气、无玻壳。

　　②寿命长：5万～8万小时。

　　③功率小光效高：一般为3W以下的功率，光电转换效率高。

　　④色彩丰富：颜色多种，可满足各种色彩照明。

　　⑤高尖端：第三代光源革命，科技含量高，灵活多变，驱动调控方便。

　　⑥体积小重量轻：发光二极管是一种微型光源。

　　⑦利于环保：废弃器件没有重金属污染，利于环境。

085 射灯的缺点是什么？

　　过多安装射灯，就会形成光的污染，很难达到理想效果。而且过多安置射灯，很容易造成安全隐患。这些射灯看似瓦数小，但它们在小小的灯具上能积聚很大的热量，短时间内就可产生高温，时间一长容易引发火灾。

086 射灯的距离是多少？

家里的射灯一般用来作为局部重点照明，每个射灯之间的距离控制在 90 厘米或者 1 米左右即可。射灯的安装一般情况下都是一个线头装一条轨道，然后根据轨道长度再决定射灯的数量。直接把轨道接上电固定到墙上，再把射灯直接卡进去，两边的卡子绊一下固定住即可。

087 如何选购射灯？

①射灯绝大多数是用于对装饰物的加强照明上，一般是嵌入到吊顶或墙体中。射灯工作时一般会发出较高温度，所以一定要购买优质的产品，不然会有安全隐患。

②射灯使用时要搭配变压器使用，灯珠也应选择品质好的，不然射灯的灯珠很容易坏，更换起来相当麻烦。

③目前市场上的射灯质量良莠不齐，凭肉眼很难辨别好坏，所以购买射灯最好选择品牌产品，并选择相匹配的优质变压器。

088 筒灯有什么特点？适用于家居中的哪些场合？

筒灯是嵌装于吊顶板内部的隐置性灯具，所有光线都向下投射，属于直接配光。可以用不同的反射器、镜片来取得不同的光线效果。装设多盏筒灯，可增加空间的柔和气氛。筒灯一般装设在卧室、客厅、卫浴的周边天棚上。

089 筒灯该如何选购？

①**灯头的选择。**筒灯灯头是比较重要的一个环节。灯头的主要材质是陶瓷，里面的簧片是最重要的，有铜片和铝片两种。好的品牌采用的是铝片，并在接触点安装有弹簧，可以加强接触性。另外就是灯头的电源线，好的品牌是采用三线接线灯头（三线即火线、零线、接地线），有的会带上接线端子，这个也是区分筒灯好与普通的一个很基本的方法。

②**反光杯的选择。**反光杯一般分砂杯和光杯两种，材料为铝材，铝材不会变色，而且反光度要好些。有的小厂家会用塑料喷塑来做，这种工艺新做得看起来很好，但过段时间就会变暗，甚至发黑。鉴别方法就是看切割处的齐整度，铝材的切割很整齐，喷塑则相反。

090 如何选购节能灯？

①要注意钨丝灯泡功率，一般厂商会在包装上列出产品本身的功率及对照的光度相类似的钨丝灯泡功率。比如"15W→75W"的标志，一般指灯的实际功率为15W，可发出与一个75W钨丝灯泡相类似的光度。

②国家目前对节能灯具已出台能效标准，能效标签是平均寿命超过8000小时以上的节能灯产品才可以获得的。

③高品质节能灯的暖光设计和高超的显色技术，让光色悦目舒适。业主可按个人喜好，选择与家居设计相匹配的灯光颜色。

④要考虑电子镇流器的技术参数。镇流器是照明产品中的核心组件。能效国家标准规定了镇流器的能效限定值和节能评价值。

⑤灯具装饰的花样繁多,在选择整灯时,应注意一下塑料壳,最好是耐高温阻燃的塑料壳。

⑥灯管在通电后,还应该注意一下,荧光粉涂层厚薄是否均匀,这会直接影响灯光效果。

091 怎样选购 LED 筒灯?

①**看光效。**同样的灯珠功率,光效越高,亮度越高;同样的照明亮度,耗电越小,就越节能。

②**看灯珠品质。**灯珠品质决定于芯片品质和封装技术,日本、美国的较贵,大

陆以及台湾地区的相对便宜一些。

③**看做工。**一个品质好的 LED 筒灯,具有各种技术功能,例如防潮、防尘、防磁、防雷击等。

④**散热。**LED 筒灯散热是非常重要的,如果散热条件不好,灯珠在高温下工作,光衰会很大,灯具寿命会减少。

⑤**电源效率。**电源效率越高越好。越高,说明 LED 筒灯电源本身的功耗越小,输出的功率越大。

⑥**功率因数。**功率因数低,说明使用的驱动电源、电路设计不好,使用再好的灯珠,寿命也长不了。

⑦**安全标准。**国家 LED 灯具安全标准已经出台,符合国标的才可以选择。

⑧**驱动电源。**电源的使用寿命相对 LED 筒灯的其他部分来说，寿命要短很多，是限制筒灯使用寿命的短板，自然要选好的。

紫外线消毒灯好不好？有没有什么危害？

092

①**安全、合理使用是关键。**紫外线杀菌原理就是通过紫外线的照射，使细菌当即死亡或不能繁殖后代，达到杀菌的目的。这种产品健康无污染，属于新科技产品，应该说，要肯定这种产品的有益之处，对于杀菌还是很管用的。只不过这类产品完全是被商家过分宣传，对于它的一些危害性却避而不谈，导致不少人使用不当。

②**紫外线对人体的危害主要集中在皮肤和眼睛。**紫外线能破坏人体皮肤细胞，导致未老先衰。裸露的肌肤被这类紫外线灯照射后，轻者出现红肿、疼痒、脱屑，重者会晒伤或出现日光性角化症，甚至引发皮肤肿瘤、癌变。眼睛更是脆弱，如果被紫外线消毒灯照射，可能会引发眼结膜、角膜发炎甚至导致白内障。

贺小便支招

在使用紫外线杀菌灯的时候，一定要注意不要待在附近。现在的产品一般都有提醒、延迟、自动关闭功能，只要按照要求操作，是不会有什么问题的。此外，家庭用杀菌，五分钟就足够了，没有必要时间太长。

093 客厅装什么样的水晶灯好看？

①**水晶灯的选择要与家居风格协调一致**。如果明明是中式风格，却吊一个欧式的水晶灯，那就贻笑大方了。因为水晶灯的造型十分丰富，需要在购买时，问一下是何种风格的，这样基本上都能够选择对应的水晶灯形式。

②**根据空间的大小和灯的外形进行选择**。20~30平方米的客厅一般选择直径在1米左右的水晶灯，要是小一些的客厅，则可以选择一些小巧的吊式水晶灯。另外，如果是有长辈的大家庭，客厅的吊灯应该雍容、华贵；如果是甜蜜的小夫妻的话，那就可以搞点精巧迷人、暖色调的多垂饰的水晶灯。

094 客厅用吊灯好，还是吸顶灯好？

①吸顶灯底盘直接贴在吊顶上，省去了吊的环节，节省了吊顶跟灯具之间的距离，像客厅举架比较矮的，可以选用吸顶灯。另外，装修风格现代简约、宜家风格的适合选用吸顶灯。

②吊灯适合举架高的客厅，装修风格比较繁复的欧式风格比较适合选用吊灯。

095 餐厅吊灯的高度一般是多少？

一般来说，餐厅的吊灯有两种形式，分别是固定吊灯和伸缩吊灯。

①**固定吊灯：** 吊顶上的灯饰主要起衬托作用，通过明暗对比来突出装修效果。要善于运用照明来烘托就餐的愉快气氛，一般来说，餐厅吊灯的最佳高度是其最低点离地面不小于2.2米，这样的高度既不会影响照度，也不会碰到人。

②**伸缩吊灯：** 现在还很流行一种吊灯，就是用能伸缩的吊灯作为主要的照明，配以辅助的壁灯。灯光的颜色最好是暖色，暖色灯光可以增加食欲。

贺小侠支招

餐厅应避免过度繁复或怪异的吊顶装饰，但若太过清淡，"自然味"是有了，却未免流于单调，不妨用灯光增添气氛。灯具因为发光的本质，本身就是视觉焦点，多重环绕室内光源，可以让整体空间简约而不简单。

096 卧室里选择什么样的灯具比较好?

卧室主要是睡眠、休息的场所,有时受居住条件的限制,也用以工作或亲友密谈。卧室照明主要由一般照明与局部照明组成。

①卧室的一般照明

卧室的一般照明气氛应该是宁静、温馨、怡人、柔和、舒适的。

宁静舒适型	可以选择造型简洁的吸顶灯,其发出的乳白色光,与卧室淡色墙壁相映;可以运用光檐照明,使光经过顶棚或墙壁反射出来,十分柔和怡人;也可以安装嵌入式顶灯,搭配壁灯,使直射光与朦胧的辅助光相辅相成,更加典雅温馨
豪华气派型	这种类型的灯具选择可以显示业主的财力与身份。如以金色蜡烛灯饰配巴洛克风格家具,能显出法国宫廷气象,金碧辉煌,光彩夺人。若采用做工细致、用料讲究、造型精美的高级红木灯具,配上古朴的红木家具,则气度非凡,显出卧室浓浓的民族风情
现代前卫型	追求自由随意,以几何图形、线条混合而成的都市新颖灯具,突破传统观念,体现超前意识。再配以线条简单的卧室家具,显示出现代人别出心裁的趣味追求

②卧室的局部照明

书桌照明	照度值在300lx以上,一般采用台灯照明
阅读照明	不少人喜欢睡前倚靠在床边阅读,因此要考虑选用台灯或壁灯照明。台灯的特点是可移动、灵活性强,且台灯本身就是艺术品,能给人以美的享受。壁灯的优点是通过墙壁的反射光,使光线柔和
梳妆照明	照度要在300lx以上,梳妆镜灯通常采用温射型灯具,光源以白炽灯或三基色荧光灯为宜,灯具安装在镜子上方,在视野60度立体角之外,以免产生眩光
沙发阅读照明	常采用落地灯照明

097 什么灯具适合用在厨房？

由于中国人的饮食习惯，厨房里经常需要煎炸烹煮，油烟自然是少不了的，所以在选择灯具的时候，宜选用不会氧化生锈或具有较好表面保护层的材料，同时要求防水防尘防油烟的灯具产品。灯罩宜用外表光洁的玻璃、塑料或金属材料，以便随时擦洗，而不宜用织、纱类织物灯罩或造型繁杂、有吊坠物的灯罩。

098 卫浴的镜前灯有哪些种类？

镜前灯一般是指固定在镜子上面的照明灯，作用是照亮照镜子的人，使照镜子的人更容易看清自己。除了卫浴镜面上的镜前灯外，在梳妆镜以及浴室镜上面也经常会安装镜前灯。

分类	概述
根据安装位置的不同	有洗手盆镜前灯、浴室镜前灯、卫浴镜前灯以及梳妆台镜前灯
根据使用的灯泡不同	镜前灯大体分为三种光源：①卤素光源，不受气候影响、显指较高，但是功耗大、发热也高；②节能型光源，包括节能灯管和T4、T5灯管，节能可达80%，但是受环境影响也大；③LED系列，现在最流行的产品，种类多、时尚、功耗小，也不受环境影响

099 现代风格的家居中可以选择什么灯具进行装饰？

现代风格居室中的灯具除了具备照明的功能外，更多的是装饰作用。灯具采用金属、玻璃及陶瓷制品作为灯架，在设计风格上脱离了传统的局限，再加上个性化的设计，完美的比例分割，以及自然、质朴的色彩搭配，可以塑造出独具品位的个性化的居室空间。

100 宫灯的特点是什么？如何在家居空间中运用？

宫灯是中国彩灯中富有特色的汉民族传统手工艺品之一，主要是以细木为骨架镶以绢纱和玻璃，并在外绘以各种图案的彩绘灯。它充满宫廷的气派，可以令中式古典风格的家居显得雍容华贵。

101 仿古灯的特点是什么？如何在家居空间中运用？

中式仿古灯与精雕细琢的中式古典灯具相比，更强调古典和传统文化神韵的再现，图案多为清明上河图、如意图、龙凤、京剧脸谱等中式元素，其装饰多以镂空或雕刻的木材为主，宁静而古朴。

102 铁艺灯的特点是什么？如何在家居空间中运用？

铁艺灯的主体是由铁和树脂两部分组成的，铁制的骨架能使它的稳定性更好，树脂能使它的造型塑造得更多样化，还能起到防腐蚀、不导电的作用。铁艺灯的色调以暖色调为主，这样就能散发出一种温馨柔和的光线，更能衬托出美式乡村家居的自然与拙朴。

103 巴洛克可调光台灯的特点是什么？如何在家居空间中运用？

巴洛克可调光台灯的显著特点是全部用透明的或染色的聚碳酸酯制造而成，给人的感觉一方面是古典、华丽、传统的，另一方面却是创新、透明且讽刺的。灯罩经过特殊设计，可以产生千变万化的光影效果，而且灯罩的特殊接合设计，让使用者能随本身喜好调整不同的亮度。

104 地中海吊扇灯的特点是什么？
如何在家居空间中运用？

地中海吊扇灯是灯和吊扇的完美结合，既具有灯的装饰性，又具有风扇的实用性，可以将古典和现代完美体现，是地中海室内装修中的首选装饰。

第三章 布艺织物

　　布艺织物是室内装饰中常用的物品，其分类方式有很多，如按使用功能、空间、设计特色、加工工艺等。不管用什么材料和加工工艺制作的布艺织物，最重要的考虑因素是用在什么地方和做什么用，以及给居室带来什么样的装饰效果。

布艺在居室装饰中可以起到什么作用？

105

室内常用的布艺包括：窗帘、床上用品和地毯等。

①**布艺是家中流动的风景。**它能够柔化室内空间生硬的线条，赋予居室新的感觉和色彩，同时还能够降低室内的噪声，减少回声，使人感到安静、舒心。

②**布艺是营造温馨、舒适室内氛围必不可少的元素。**伴随着人们生活水平的提高，单纯的功能性满足不了人们的需求，为了丰富精神生活，布艺家具应运而生。布艺家具以优雅的造型、艳丽的色彩、美丽的图案，给居室带来明快活泼的气氛，符合人们崇尚自然，追求休闲、轻松愉快的心理，备受人们青睐。

如何根据布艺饰品的色彩、图案和质地在家居中进行搭配？

106

选择布艺产品，主要是对其色彩、图案、质地进行选择。在色彩和图案上，要根据家具的色彩、风格来选择，使整体居室和谐完美。在质地上，要选择与其使用功能相一致的材质，例如，卧室宜选用柔和的纯棉织物，厨房则可选用易清洁的面料。

107 布艺饰物可以分为哪几类？在家居中该如何搭配？

分类	概述
主调	主要由布艺家具决定，如沙发套、床品、床帷帐等。它们在居室空间中占较大面积，是居室的主要组成部分，往往是居室中的视觉焦点，很大程度上决定了居室的风格。此类布艺可采用彩度较高、中明度、较有分量且活跃的颜色
基调	通常是由窗帘、地毯和顶面构成，使室内形成一个统一整体，陪衬居室家具等陈设。布艺装饰必须遵循协调的原则，饰物的色泽、质地和形状与居室整体风格应相互照应。因此，以高明度、低彩度或中性色为主。但地毯在明度上可低一些，色彩可深些
强调	体积较小的布艺装饰物可以起到强调作用，如坐垫、靠垫、挂毯等，以对比色或更突出的同色调来加以表现，起到画龙点睛的作用

108 层高有限的空间该如何搭配布艺饰品？

可以用色彩强烈的竖条纹的椅套、壁挂、地毯来装饰家具、墙面或地面，搭配素色的墙面，能形成鲜明的对比，可使空间显得更为高挑，增加整体空间的舒适程度。

109 采光不理想的空间该如何搭配布艺饰品？

布质组织较为稀松的、布纹具有几何图形的小图案印花布，会给人视野宽敞的感觉。尽量统一墙饰上的图案，能使空间在整体上有种贯通感，从而让空间"亮"起来。

110 狭长或狭窄的空间该如何搭配布艺饰品？

狭长空间	在狭长空间的两端使用醒目的图案，能吸引人的视线，让空间给人更为宜人的视觉感受。例如，在狭长的一端使用装饰性强的窗帘或壁挂，或是狭长一端的地板上铺设柔软的地毯等
狭窄空间	狭窄的房间可以选择图案丰富的靠垫，来达到增宽室内视觉效果的作用

111 局促的空间该如何搭配布艺饰品？

在空间面积有限、比较局促的情况下，不妨选用毛质粗糙或是布纹较柔软、蓬松的材料，以及具有吸光质地的材料来装饰地板、墙壁，而窗户则大量选用有对比效果的窗帘。

112 家中布艺产品应该怎么搭配才能有层次？

室内纺织品因各自的功能特点，在客观上存在着主次的关系。通常占主导地位的是窗帘、床罩、沙发布，第二层是地毯、墙布，第三层是桌布、靠垫、壁挂等。第一层次的纺织品类是最重要的，它们决定了室内纺织品总的装饰格调；第二和第三层次的纺织品从属于第一层，在室内环境中起呼应、点缀和衬托的作用。正确处理好它们之间的关系，是使室内软装饰主次分明、宾主呼应的重要手段。

113 传统色彩印象、中式传统图案布艺与织物如何在家居空间中运用？

　　带有传统色彩及图案的织物是中式风格软装中不可缺少的点睛之笔，颜色多为红色、褐色、绿色、黄色、金色等，图案多以祥云、福、禄、寿或书法文字等具有代表性的中式花纹为主，可作为沙发靠垫套、茶几、桌旗、床上用品等，颜色上可用2～3种进行搭配，图案选择不宜过于混乱。两种织物搭配时可用一块素色物品搭配带有花纹的物品。

114 泰丝抱枕的特点是什么？如何在家居空间中运用？

　　艳丽的泰丝抱枕是沙发上或床上最好的装饰品。明黄、果绿、粉红、粉紫等香艳的色彩化作精巧的靠垫或抱枕，跟原色系的家具相衬，香艳的愈发香艳，沧桑的愈加沧桑；单个的泰丝抱枕基本在几十至百元之间，可以根据预算加以选择。

115 餐厅的布艺包括哪些种类?

餐厅的布艺通常包括桌布、餐垫布艺、餐巾、餐巾杯、杯垫、餐椅套、餐椅坐垫、桌椅脚套、布艺窗帘餐巾纸盒套、咖啡帘、酒衣等。

116 卧室的布艺产品这么多，怎么搭配才协调?

①**空旷卧室的布艺选择**。如果卧室显得太空，可以选择布质较为柔软、蓬松的布艺产品来装饰地面和墙面，而窗帘则可以选择有对比效果的材料，或在醒目的地方采用颜色鲜亮的窗帘、窗幔、床品，使其与地面和墙面形成鲜明的对比，改变卧室空旷、单调的感觉。

②**卧室床品的选择**。床品是卧室的主角，是软装饰中最重要的环节。床品的选择决定了卧室的基调，无论是哪种风格的卧室，床品都要注意与家具、墙面花色的统一。床品在色彩上要做到花而不乱，动中有静。

③**卧室窗帘的选择**。在卧室中，窗帘是不可忽视的重点之一。一款简单的窗帘或卷帘，除了具有遮阳遮光的功能之外，利用窗帘或半遮掩或全开等不同形式的变化，或是利用腰带、流苏等，都能起到画龙点睛的装饰效果。

117 厨房的布艺包括哪些种类?

厨房的布艺通常包括围裙、袖套、厨帽、隔热手套、隔热垫、隔热手柄套、微波炉套、饭煲套、冰箱套、厨用窗帘、便当袋、保鲜纸袋、擦手巾、茶巾等。

118 卫浴的布艺包括哪些种类?

卫浴的布艺通常包括卫生（马桶）坐垫、卫生（马桶）盖套、卫生（马桶）地垫、卫生卷纸套、毛巾挂、毛巾、小方巾、浴巾、地巾、浴袍、浴帘、浴用挂袋等。

119 窗帘在居室装饰中可以起到什么么作用?

①**实用性。**窗帘可以保护隐私，调节光线和室内保温。另外，厚重、绒类布料的窗帘还可以吸收噪声，在一定程度上起到遮尘防噪的效果。

②**装饰性。**窗帘是家居装饰不可或缺的要素，或温馨或浪漫，或朴实或雍容，风起风落，风情万种。选择一款适合自家的窗帘，既能布置好一道属于自己的窗边风景，也能为家增添一分别样风情。

120 窗帘有哪些组成部分?

帘体	包括窗幔、帘身和窗纱,窗幔是装饰帘不可缺少的部分,有平铺、打折、水波、综合等样式
辅料	由窗樱、帐圈、饰带、花边、窗襟衬布等组成
配件	有侧钩、绑带、窗钩、窗带、配重物等

121 窗帘的面料有哪些种类?

窗帘的面料很广,很多面料都可以作为窗帘布。在选择面料时注重两个方面,一是厚实感、二是垂感性。传统的窗帘通常有三种面料,一种是起装饰作用的布帘,另外还有遮光帘、纱帘。

分类	概述
传统面料	窗帘布的面料基本以涤纶化纤织物和混纺织物为主,因此垂感好、厚实
遮光面料	新型开发的遮光面料不仅克服了传统遮光面料的缺点,而且提高了产品的档次,它既能与其他布帘配套作为遮光帘,又单独集遮光和装饰为一体,并且可以做成各种不同风格的遮光布
纱帘	窗纱的种类很多,大体归纳起来有平纹、条格、印花、绣花、压花、植绒、烂花、起皱等,其中做纱的原料有麻、涤纶丝、锦纶丝、玻璃丝等

122 布艺窗帘有哪些特点及分类？

布艺窗帘是一种较传统的窗帘，经过了多年的发展，仍是人们所喜爱的窗帘品种之一。通常情况下，布艺窗帘的遮光度不是很好，如有需要，可在布帘后加上遮光布。加上遮光布后，遮光度可达90%以上。布艺窗帘根据其面料、工艺不同可分为印花布、染色布、色织布、提花布等。

分类	概述
印花布	在素色胚布上用转移或圆网的方式印上色彩、图案可称为印花布，其特点是色彩艳丽，图案丰富、细腻
染色布	在白色胚布上染上单一色泽的颜色称为染色布，其特点是素雅、自然
色织布	其特点是色牢度强，色织纹路鲜明，立体感强
提花印布	把提花和印花两种工艺结合在一起

123 什么是开合帘（平开帘）？有什么特点？

开合帘即沿着轨道的轨迹或杆子做平行移动的窗帘。

分类	概述
欧式豪华型	上面有窗幔，窗帘的边沿饰有裙边，花型以色彩浓郁的大花为主，看上去比较华贵富丽
罗马杆式	窗帘的轨道是用各种不同造型和材质的罗马杆制成的，花型和做法的变化多，分为有窗幔和无窗幔的。花型可以用色彩浓郁的大花，也可用比较素雅的条格或素色等
简约式	这种窗帘突出面料的质感和悬垂性，不添任何辅助的装饰手段，以素色、条格或色彩比较淡雅的小花草为素材，看上去比较时尚和大气

124 什么是罗马帘（升降帘）？有什么特点？

罗马帘是指在绳索的牵引下作上下移动的窗帘。比较适合安装在豪华风格的居室中，特别适合有大面积玻璃的观景窗。面料的选择比较广泛。罗马帘的装饰效果华丽、漂亮。它的款式有普通拉绳式、横杆式、扇形、波浪形几种形式。

125 什么是卷帘？有什么特点？

　　卷帘指随着卷管的卷动而作上下移动的窗帘，一般起阻挡视线的作用。材质一般选用压成各种纹路或印成各种图案的无纺布，亮而不透，表面挺括。简洁是卷帘最大的特点，周边没有花哨的装饰，且花色多样、使用方便、非常便于清洗。安装卷帘的窗户上方往往设有一个卷盒，使用时往下一拉即可，比较适合安装在书房、卫浴等面积小的房间。

126 什么是百叶帘？有什么特点？

　　百叶帘指可以作 180 度调节并作上下垂直或左右平移的硬质窗帘。百叶帘遮光效果好、透气性强，可以直接水洗，易清洁，适用性比较广，如书房、卫浴、厨房、办公室及一些公共场所都适用，具有阻挡视线和调节光线的作用。材质有木质、金属、化纤布或成形的无纺布等，款式有垂直和平行两种。颜色比较多，可根据喜好、风格进行选择。

127 如何挑选百叶帘?

①转动调节棒,打开叶片,看看各叶片的间隔距离是否匀称,各叶片是否无上下弯曲的感觉;当叶片闭合时,各叶片都要相互吻合,而且要无漏光的空隙。

②观察窗帘的颜色、叶片以及所有的配件,比如线架、调节棒、拉线、调节棒上的小配件等,每个小细节的颜色都要保持一致。

③用手亲自感觉叶片与线架的光滑度,一般而言,质量好的百叶窗帘都是光滑平整,而且无刺手、扎手的感觉。

④叶片打开后,可用手下压每个叶片,然后迅速松手,看看各叶片是否能够立即恢复水平状态,而且无弯曲现象出现。

⑤当叶片全部闭合时再拉动拉线,然后卷起叶片。最后检查叶片自动锁紧的功能,看看是否既不继续上卷,也不松脱下滑。

128 什么是纱帘? 有什么特点?

与布艺窗帘布相伴的窗纱不仅给居室增添柔和、温馨、浪漫的氛围,而且具有采光柔和、透气通风的特性,可调节人们的心情,给人一种若隐若现的朦胧感。窗纱的面料材质有涤纶、仿真丝、麻或混纺织物等,可根据不同的需要任意搭配。

129 什么是垂直帘？有什么特点？

垂直帘因其叶片一片片垂直悬挂于上轨而得名。垂直帘可左右自由调光，达到遮阳的目的。根据其材质不同，可分为铝质帘、PVC帘及人造纤维帘等。其叶片可180度旋转，随意调节室内光线，收拉自如，既可通风，又能遮阳，气派豪华，集实用性、时代感和艺术感于一体。

130 什么是木竹帘？有什么特点？

木竹帘给人古朴典雅的感觉，使空间充满书香气息。其收帘方式可选择折叠式（罗马帘）或前卷式，而木竹帘还可以加上不同款式的窗帘来陪衬。大多数的木竹帘都使用防霉剂及清漆处理过，所以不必担心发霉虫蛀问题。木竹帘陈设在家居中能显出风格和品位。它基本不透光，但透气性较好，适用于纯自然风格的家居中。木竹帘的用木很讲究，所以价格偏高。

131 如何挑选窗帘的款式？

首先，应该考虑居室的整体效果；其次，考虑花色图案的协调感；最后，根据环境和季节确定款式。除此之外，还应考虑其尺寸和样式，面积不大的房间宜简洁、大气，大面积的房间可采用精致、气派或具有华丽感的样式。

132 如何确定窗帘的尺寸？

窗帘的尺寸可结合窗户的特点进行选择。高而窄的窗，选长度刚过窗台的短帘，并向两侧延伸过窗框，尽量暴露最大的窗幅；宽而短的窗，选长帘、高帘，让窗幔紧贴窗框，遮掩窗框宽；窗户太矮，可在窗上或窗下挂同色的半截帘，使其刚好遮掩窗框和窗台，造成视觉的错觉。

133 如何确定窗帘的花色？

花色的选择是选购窗帘的关键，是最重要的一步。所谓"花色"，就是窗帘花的造型和配色，窗帘图案不宜过于繁琐，要考虑打褶后的效果。

分类	概述
房间较大	选择较大花型，给人强烈的视觉冲击力，但会使空间感觉有所缩小
房间较小	应选择较小花型，令人感到温馨、恬静，且会使空间感觉有所扩大
新婚房	窗帘色彩宜鲜艳、浓烈，以增加热闹、欢乐气氛
老人房	宜用素静、平和色调，以呈现安静、和睦的氛围

备注：窗帘色彩的选择可根据季节变换，夏天色宜淡，冬天色宜深，以便改变人们心理上的"热"与"冷"的感觉。此外，在同一房间内，最好选用同一色彩和花纹的窗帘，以保持整体美，也可防止产生杂乱之感

134 客厅能用遮光布吗?

遮光布有着良好的遮光效果,价格便宜,多用于卧室。在客厅,遮光布一直没有被普遍利用。不妨将遮光布用于外层窗帘挡光,而内层则配以饰有花纹图案的窗纱。从室内来看,窗纱已具备足够的装饰作用。

135 客厅用什么样的窗帘好?

客厅窗帘在选择时,应注意层次与装饰性,还要考虑与主人身份的协调。总体来说,需要得体、大方、明亮、简洁。此外,客厅窗帘的选购,要根据不同的装饰风格,选择相应的窗帘款式、颜色和花型等。

①**选择合适的质地来装饰**。一般而言,薄型织物的薄棉布、尼龙绸、薄罗纱、网眼布等制作的窗帘,非常适合客厅。不仅能透过一定量的自然光线,同时又可以令白天的室内有一种隐秘感和安全感。

②**根据大环境来选择**。窗帘的花色要与自然大环境相协调。比如说夏季宜选用冷色调的窗帘,冬季宜选用暖色调的窗帘,春秋两季则可以用中性色调的窗帘。

③**要与居室整体相协调**。从客厅的整体协调角度上说,应该考虑窗帘与墙体、家具、地板等的色泽是否相搭配。

136 如何确定窗帘的式样和尺寸？

在式样方面，一般小房间的窗帘应以比较简洁的式样为好，以免因为窗帘的繁杂而显得空间更为窄小。而对于大居室，则宜采用比较大方、气派、精致的式样。窗帘的宽度尺寸，一般以两侧比窗户各宽出 10 厘米左右为宜，底部应视窗帘式样而定。短式窗帘也应长于窗台底线 20 厘米左右为宜，落地窗帘一般应距地面 2 ～ 3 厘米。

137 怎样测量成品窗帘下垂长度？

要计算出成品帘的下垂长度，首先要确定布帘下垂的终点位置，看窗帘是下垂到窗台，还是恰好到窗台下，或者到地面。

①**下垂至窗台的窗帘。**其底端应终止在突出的窗台上 1 厘米处，稍留出一点空隙。

②**下垂至窗台下的窗帘。**应下垂至窗台下 10 厘米处，如果恰好窗台下有散热器，窗帘则应下垂至散热器上方 1 厘米处。位于凹处的窗帘布应终止在窗台上方 1 厘米处。

③**下垂至地面的落地窗帘。**底边最好离地面 1 厘米，这样可以保护边缘。如果选择制作拖至地面的过长型窗帘，在开始计算所需用布量前，要记住相应的调整测量的尺寸。

贺小厌支招

如用帘杆，所量到的窗帘下垂长度就是成品窗帘的下垂长度。当使用帘轨、帘杆或金属线时，需要增加悬挂点到帘顶顶边的用布。有褶边的款式测出窗帘下垂长度后，还要加进窗帘顶部和底部的褶边用布量，这样才能准确算出要裁剪的实际长度。

138 选购窗帘时如何防甲醛？

方法	概述
闻异味	如果产品散发出刺鼻的异味，就可能有甲醛残留，最好不要购买
挑花色	挑选颜色时，以选购浅色调为宜，这样甲醛、染色牢度超标的风险会小些
看品种	在选购经防缩、抗皱、柔软、平挺等工艺的布艺和窗帘产品时也要谨慎

139 线帘适合布置在什么地方？

线帘因装饰效果强烈，常被用于居家空间。线帘除了当作窗帘、门帘，也可作为软隔断使用。像是客餐厅之间、卧房与书房间，若想划分空间但又不失穿透性，那么就可考虑使用线帘。线帘尤其适合面积有限的空间，少了实体隔间墙的厚重感，不占空间且穿透性也够，同时价格也十分划算。

140 窗帘该如何进行日常保养？

①每周（或者根据家里的实际情况半个月或一个月）吸尘一次，尤其注意去除面料的积尘。

②如果沾有污渍，可用干净的毛巾蘸水擦拭。要从污渍的外圈向内擦拭，避免留下痕迹。

③如果发现线头松脱，不可用手扯断，应用剪刀整齐剪平。

④清洗窗帘之前请仔细阅读洗涤标识说明。窗帘不需要经常洗涤，但时间一长，灰尘容易让色彩灰暗，建议半年到一年左右清洗一次。禁止漂白或使用含漂白成分的洗涤剂清洗。特殊材质的窗帘，建议到专业的干洗店清洗，避免窗帘变形。

⑤晾晒时宜反面向外，避免日光直射曝晒。

141 普通面料的窗帘该如何洗涤？

普通装饰面料的窗帘宜采用冷水和中性洗涤剂，机洗时应选择弱档；含棉、麻、绒、丝的面料容易缩水，一定要干洗；质地轻薄的面料要手洗，轻揉轻搓，自然悬挂滴干或轻度甩干。残余洗涤剂一定要用清水洗净，否则化学物质会与阳光发生反应使面料褪色。

贺小保支招

窗帘洗涤后，应该趁面料还湿润时将窗帘拉平并摆好褶度。如果需要熨烫，要在面料表面垫上干净的棉布。

142 窗楣及带花边的窗帘该如何洗涤？

用小于30℃的温水将花边帷幔浸湿，再用加入苏打水的温水洗涤（苏打加适量即可），然后用中性洗涤剂洗两次，洗时要轻轻地揉，最后用清水漂洗。晾晒时先将洗物放在干净的平板上整理好，用图钉定位。最后用中温熨平。

143 卷帘或软性的成品帘该如何洗涤？

这种窗帘清洗时要先将窗户关好，在上面喷适量清水或擦光剂，然后用抹布擦干，这样就可以使窗帘较长时间保持干净光洁。窗帘的拉绳处可以用软毛刷刷洗。如果窗帘比较脏，可以用抹布蘸些用水稀释的洗涤剂或者少许氨溶液擦拭。但要注意，用胶黏合的部位不要碰水。

144 地毯在居室装饰中可以起到什么作用？

地毯，是以棉、麻、毛、丝、草等天然纤维或化学合成纤维为原料，经手工或机械工艺进行编结、栽绒或纺织而成的地面铺设物，也是世界范围内具有悠久历史传统的工艺美术品之一。

地毯在中国已有两千多年的历史。最初，地毯用来铺地御寒，随着工艺的发展，成为了高级装饰品。它能够隔热、防潮，具有较高的舒适感，同时兼具美观的观赏效果。

145 什么是羊毛地毯? 有什么特点?

羊毛地毯采用羊毛为主要原料。毛质细密,具有天然的弹性,受压后能很快恢复原状。采用天然纤维,不带静电,不易吸尘土,还具有天然的阻燃性。纯毛地毯图案精美,不易老化褪色,吸音、保暖、脚感舒适。

146 如何选购羊毛地毯?

①**看外观。**优质纯毛地毯图案清晰美观,绒面富有光泽,色彩均匀,花纹层次分明,毛绒柔软,倒顺一致;而劣质地毯则色泽黯淡,图案模糊,毛绒稀疏,容易起球、粘灰,不耐脏。

②**摸原料。**优质纯毛地毯的原料一般是精细羊毛纺织而成,其毛长而均匀,手感柔软,富有弹性,无硬根;劣质地毯的原料往往混有发霉变质的劣质毛以及腈纶、丙纶纤维等,其毛短且粗细不匀,手摸索时无弹性,有硬根。

③**试脚感。**优质纯毛地毯脚感舒适,不黏不滑,回弹性很好,踩后很快便能恢复原状;劣质地毯的弹力往往很小,踩后复原极慢,脚感粗糙,且常常伴有硬物感觉。

④**查工艺。**优质纯毛地毯的工艺精湛,毯面平直,纹路有规则;劣质地毯则做工粗糙,漏线和露底处较多,其重量也因密度小而明显低于优质品。

147 什么是混纺地毯？有什么特点？

　　混纺地毯中掺有合成纤维，价格较低，使用性能有所提高。花色、质感和手感上与羊毛地毯差别不大，但克服了羊毛地毯不耐虫蛀的缺点，同时具有更高的耐磨性，有吸音、保湿、弹性好、脚感好等特点。

148 如何选购混纺地毯？

　　①**地毯色彩要协调**。把地毯平铺在光线明亮处，观看全毯，颜色要协调，不可有变色、异色之处，染色也应均匀，忌讳忽浓忽淡。

　　②**整体构图要完整**。图案的线条要清晰圆润，颜色与颜色之间的轮廓要鲜明。优质地毯的毯面不仅平整，而且线头密，无缺疵。

　　③**查看"道数"是否符合标准**。通常以"道数"（经纬线的密度——每平方英尺打结的多少）以及图案的精美和优劣程度来确定档次。其中 90 道地毯，每平方英尺手工打 8100 个毛结；120 道地毯，每平方英尺手工打 14400 个毛结；150 道地毯，每平方英尺手工打 22500 个毛结。道数越多，打结越多，图案就越精细，摸上去就越紧凑，弹性好，其抗倒伏性就越好。

149 什么是化纤地毯？有什么特点？

　　化纤地毯也叫合成纤维地毯，如丙纶化纤地毯、尼龙地毯等。它是用簇绒法或机织法将合成纤维制成面层，再与麻布底层缝合而成。化纤地毯耐磨性好，并且富有弹性，价格较低。

150 什么是塑料地毯？有什么特点？

塑料地毯是采用聚氯乙烯树脂、增塑剂等混炼、塑制而成。特点是质地柔软，色彩鲜艳，舒适耐用，不易燃烧且可自熄，不怕湿，所以也可用于浴室，起防滑作用。

151 什么是草织地毯？有什么特点？

主要由草、麻、玉米皮等材料加工漂白后纺织而成，乡土气息浓厚，适合夏季铺设。但其易脏、不易保养，经常下雨的潮湿地区不宜使用。

152 什么是橡胶地毯？有什么特点？

橡胶地毯是以天然橡胶为原料，经蒸汽加热、模压而成。其绒毛长度一般为 5 ~ 6 毫米。除了具有其他地毯特点外，橡胶地毯还具有防霉、防滑、防虫蛀，而且有隔潮、绝缘、耐腐蚀及清扫方便等优点。

153 橡胶地毯的常用规格是多少？经常用于室内的哪些地方？

橡胶地毯常用的规格有 500 毫米 ×500 毫米、1000 毫米 ×1000 毫米方块地毯，其色彩与图案可根据要求定做，其价格同簇绒化纤地毯相近。可用于楼梯、浴室、过道等潮湿或经常淋雨的地面铺设。

154 什么是剑麻地毯？有什么特点？

剑麻地毯以剑麻纤维为原料，经纺纱、编织、涂胶、硫化等工序制成。产品分素色和染色两种，有斜纹、鱼骨纹、帆布平纹、多米诺纹等多种花色。幅宽 4 米以下，卷长 50 米以下，可按需要裁割。

	剑麻地毯的特点
1	剑麻地毯属于地毯中的绿色产品，可用清水直接冲刷，其污渍很容易清除。同时，不会释放化学成分，能长期散发出天然植物特有的清香，带来愉悦的感受
2	赤足走在上面，有舒筋活血的功效
3	剑麻地毯具有耐腐蚀、酸碱等特性，如有烟头类火种落下时，不会因燃烧而形成明显痕迹
4	剑麻地毯相对使用寿命较长
5	其价格比羊毛地毯低，但缺点是弹性较差

155 如何根据地毯纤维的性质来判断地毯的优劣？

简单的鉴别方法一般采取燃烧、手感和观察相结合的方法。棉的燃烧速度快，灰末细而软，其气味似燃烧纸张，其纤维细而无弹性，无光泽；羊毛燃烧速度慢，有烟有泡，灰多且呈脆块状，其气味似燃烧头发，质感丰富，手捻有弹性，具有自然柔和的光泽；化纤及混纺地毯燃烧后熔融呈胶体并可拉成丝状，手感弹性好并且重量轻，其色彩鲜艳。

156 怎样根据外观质量来判断地毯的优劣？

在挑选地毯时，要查看地毯的毯面是否平整，毯边是否平直，有无瑕疵、油污、斑点、色差，尤其在选购簇绒地毯时要查看毯背是否有脱衬、渗胶等现象，避免地毯在铺设使用中出现起鼓、不平等现象，从而失去舒适、美观的效果。

157 怎样根据室内家具与室内装饰色彩效果来选购地毯？

其颜色应根据室内家具与室内装饰色彩效果等具体情况而定。一般客厅或起居室内宜选择色彩较暗、花纹图案较大的地毯，卧室内宜选择花型较小、色彩明快的地毯。

158 简约风格的家居中可以选择什么地毯进行装饰?

质地柔软的地毯常常被用于各种风格的家居装饰中，而简约风格的家居因其追求简洁的特性，因此在地毯的选择上，最好选择纯色地毯，这样就不用担心过于花哨的图案和色彩与整体风格冲突。而且对于每天都要看到的软装来说，纯色的也更加耐看。

159 什么样的房间不宜铺地毯?

①由于地毯的防潮性较差，清洁较难，所以卫浴、厨房、餐厅不宜铺地毯。

②地毯容易积聚尘埃，并由此产生静电，容易对电脑造成损坏，因此书房也不太适宜铺设。

③潮湿的卧室铺地毯，极易受潮发霉，滋生螨虫，不利于人体健康。

④幼儿、哮喘病人及过敏性体质者的房间及家庭也不宜铺地毯。

160 客厅地毯用什么材质的好?

分类	概述
腈纶地毯	相对来说价格比较实惠,且耐用
混纺地毯	里面掺杂羊毛以及各种合成纤维混纺而成,这种地毯材质一般具有羊毛地毯的优点,又结合了纤维地毯的耐用的优点,是性价比比较高的一种地毯
羊毛地毯	若预算比较充足,可以选择高档的羊毛地毯。羊毛地毯可从空气中吸收潮气,在空气干燥时又可以把其水分释放出来,有调节室内湿度的功用

161 挑选客厅地毯时应遵循哪些原则?

①客厅在 20 平方米以上的,地毯不宜小于 1.7 米×2.4 米。

②客厅不宜大面积铺装地毯,可选择块状地毯,拼块铺设。

③地毯的色彩与环境之间不宜反差太大,地毯的花形要按家具的款式来配套。

④除了美观之外,地毯是否耐用也很关键。

⑤地毯的价格应该占所处位置家具价格的 1/3 左右才合适。

162 如何选购挂毯?

选择挂毯时,应首先明确自己想要的价位和种类,做到心中有数。再就是要认真观察图案是否精致,形象是否美观正确,色彩是否协调。再看毯型是否平整、方正;毯面是否有污渍和瑕疵等,以避免买到品质低下、粗制滥造的挂毯。

第四章 装饰画与墙贴

装饰画，顾名思义就是起修饰美化作用的展示画作，常被装点于居室墙面，赋予周围环境以相应的艺术气息，使得环境变得美观得体，增加房间的空间感觉和艺术气息。

墙贴是已设计和制作好现成的图案的不干胶贴纸，只需要动手贴在墙上，玻璃或瓷砖上即可。搭配整体的装修风格，以及主人的个人气质，彰显出主人的生活情趣，让家赋予了新生命，也引领新的家居装饰潮流。

163 装饰画在居室装饰中可以起到什么作用?

装饰画属于一种装饰艺术,给人带来视觉美感,愉悦心灵。装饰画是墙面装饰的点睛之笔,即使是白色的墙面,搭配几幅装饰画也可以变得生动起来。

164 家居装饰中装饰画选择的原则是什么?

居室内最好选择同种风格的装饰画,也可以偶尔使用一两幅风格截然不同的装饰画做点缀,但不可眼花缭乱。另外,如装饰画特别显眼,同时风格十分明显,具有强烈的视觉冲击力,最好按其风格来搭配家具、靠垫等。

165 家居装饰中装饰画搭配的原则是什么?

①**宁少勿多**。应该坚持宁少勿多、宁缺毋滥的原则,在一个空间环境里形成一两个视觉点就够了,留下足够的空间来启发想象。在一个视觉空间里,如果同时要安排几幅画,必须考虑它们之间的整体性,要求画面是同一艺术风格,画框是同一款式,或者相同的外框尺寸,使人们在视觉上不会感到散乱。

②**适当留白**。选择装饰画的时候首先要考虑悬挂墙面的空间大小。如果墙面有足够的空间,自然可以挂置一幅面积较大的画来装饰;当空间比较局促的时候,就不应当选用大的装饰画,而应当考虑面积较小的画,这样不会有压迫感,同时留出一定的空间。

166 怎样根据家居空间来确定装饰画的尺寸？

　　装饰画的尺寸宜根据房间的特征和主体家具的尺寸选择。例如，客厅的画高度以 50 ~ 80 厘米为佳，长度不宜小于主体家具的 2/3；比较小的空间，可以选择高度 25 厘米左右的装饰画；如果空间高度在 3 米以上，最好选择大幅的画，以凸显效果。

　　另外，画幅的大小和房间面积有一定的比例关系，这个关系决定了这幅画在视觉上是否舒服。一般情况下，稍大的房间，单幅画的尺寸以 60 厘米 ×80 厘米左右为宜。以站立时人的视点平行线略低一些作为画框底部的基准，沙发后面的画则要挂得更低一些。可以反复比试，最后决定最佳注视距离，原则是不能让人在视觉上产生疲劳感。

167 如何根据墙面来挑选装饰画？

　　现在市场上所说的长度和宽度多是画本身的长宽，并不包括画框在内，因此，在买装饰画前一定要测量好挂画墙面的长度和宽度。特别要注意装饰画的整体形状和墙面搭配。一般来说，狭长的墙面适合挂放狭长、多幅组合或者小幅的画；方形的墙面适合挂放横幅、方形或是小幅画。

168 如何根据居室采光来挑选装饰画？

①光线不理想的房间：尽量不要选用黑白色系的装饰画或国画，这样会让空间显得更为阴暗。

②光线强烈的房间：不要选用暖色调或色彩明亮的装饰画，否则会让空间失去视觉焦点。

③利用照明使挂画更出色：许多美术馆和餐厅商店，都以聚光灯为墙上的装饰品勾画出无形的展示空间。家居装饰也可以如法炮制，以聚光灯立体地展现艺术品的格调。例如，让一支小聚光灯直接照射挂画，能营造出更精彩的装饰效果。

169 中国画有什么特点？如何在家居装饰中运用？

中国画具有清雅、古逸、含蓄、悠远的意境，不管是山水、人物还是花鸟，均以立意为先，特别适合与中式风格装修搭配。中国画常见的形式有横、竖、方、圆、扇形等，可创作在纸、绢、帛、扇面、陶瓷、屏风等物上。

170 油画有什么特点？如何在家居装饰中运用？

油画具有极强的表现力，丰富的色彩变化，透明、厚重的层次对比，变化无穷的笔触及坚实的耐久性。欧式古典风格的居室，色彩厚重、风格华丽，特别适合搭配油画做装饰。

171 摄影画有什么特点？如何在家居装饰中运用？

摄影画是近现代出现的一种装饰画，画面包括具象和抽象两种类型。摄影画的主题多样，根据画面的色彩和主题的内容，搭配不同风格的画框，可以用在多种风格之中。例如，华丽色彩的古典主题可搭配欧式风格，简约的黑白画可搭配现代简约风格等。

172 工艺画有什么特点？如何在家居装饰中运用？

工艺画是指用各种材料通过拼贴、镶嵌、彩绘等工艺制作成的装饰画，不同的装饰风格可以选择不同工艺的装饰画做搭配。

173 装饰画的悬挂方式有哪些?

①**对称式。**这种布置方式最为保守,不容易出错,是最简单的墙面装饰手法。将两幅装饰画左右或上下对称悬挂,便可以达到装饰效果。这种由两幅装饰画组成的装饰更适合面积较小的区域。需要提醒的是,这种对称挂法适用于同一系列内容的图画。

②**重复式。**面积相对较大的墙面则可以采用重复挂法。将三幅造型、尺寸相同的装饰画平行悬挂,成为墙面装饰。需要提醒的是,三幅装饰画的图案包括边框应尽量简约,浅色或是无框的款式更为适合。图画太过复杂或边框过于夸张的款式均不适合这种挂法,容易显得累赘。

③**水平线式。**喜好摄影和旅游的人喜欢在家里布置以照片为主体的墙面,来展示自己多年来的旅行足迹。如果将若干张照片镶在完全一样的相框中,悬挂在墙面上难免过于死板,可以将相框更换成尺寸不同、造型各异的款式,但是无序地排列这些照片看起来会感觉十分凌乱,可以以画框的上缘或者下缘为一条水平线进行排列,在这条线的上方或者下方组合大量画作。

④**方框线式。**在墙面上悬挂多幅装饰画还可以采用方框线挂法。这种挂法组合出的装饰墙看起来更加整齐。首先需要根据墙面的情况,在脑中勾勒出一个方框形,以此为界,在方框中填入画框,可以放四幅、八幅甚至更多幅装饰画。悬挂时要确保画框都放入构想中的方框形中,于是尺寸各异的图画便形成一个规则的长方形,这样装饰墙看起来既整洁又漂亮。

⑤**建筑结构线式。**如果房间的层高较高,可以沿着门框和柜子的走势悬挂装饰画。这样,在装饰房间的同时,还可以柔和建筑空间中的硬线条。例如,以门和家具作为设计的参考线,悬挂画框或贴上装饰贴纸。而在楼梯间,则可以楼梯坡度为参考线,悬挂一组组装饰画,将此处变成艺术走廊。

174 偏中式的家居装修中该选择什么样的装饰画？

偏中式装修风格的房间宜搭配中国风的画作。除了正式的中国画，传统的写意山水、花鸟鱼虫等主题的水彩、水粉画也很合适。也可以选择用特殊材料制作的画，如花泥画、剪纸画、木刻画和绳结画等，这些装饰画多数带有强烈的传统民俗色彩，和中式装修风格十分契合。

175 偏欧式的家居装修中该选择什么样的装饰画？

偏欧式装修风格的房间适合搭配油画作品，纯欧式装修风格适合西方古典油画，别墅等高档住宅可以考虑选择一些肖像油画，简欧式装修风格的房间可以选择一些印象派油画，田园装修风格则可配花卉题材的油画。

176 偏现代的家居装修中该选择什么样的装饰画？

偏现代的装修适合搭配一些印象派、抽象风格油画，后现代等前卫时尚的装修风格则特别适合搭配一些现代抽象题材的装饰画，也可选用个性十足的装饰画，如抽象化了的个人形象海报。

177 美式乡村风格的家居中可以选择什么装饰画进行装饰？

在美式乡村家居中，多会选择一些大幅的自然风光的油画来装点墙面。其色彩的明暗对比可以产生空间感，适合美式乡村家居追求阔达空间的需求。

178 如果房间屋顶过高，能用艺术画进行弥补，并营造出装饰设计的特色吗？

可以将一组同主题的艺术画并排紧凑地挂出来，高度以画框顶端为基准对齐。这样的展示手法赋予了屋顶高的房间一种舒适感，也可以用同样的手法尝试齐肩的高度，又能营造另外一种装饰风格。

179 餐厅适合放怎样的装饰画？

餐厅墙面上或橱柜上挂装饰画，最常见的题材是水果。几个成熟的蜜橘配以田园题材的油画使餐厅显得生活气息十足。当然，喜欢现代风格的话，可以选择线条抽象的水彩画来做装饰。那些较传统的中式餐厅则可以选择风格清新的写意画。

180 儿童房要怎样摆放装饰画？

儿童房的家具大多小巧可爱，如果画太大，就会破坏童真的趣味。让孩子自己选择几幅可爱的小画，再由他们顽皮随意地摆放，这样会比井井有条来得更过瘾、更有趣。

181 卧室床头挂画需要注意哪些问题?

①**不宜挂太大的画。**床头挂画为卧室增添些许小情调,但要以轻便、小巧为好。如果挂装饰框很大的画,就会存在一定的安全隐患。

②**不宜挂黑色调或颜色过深的画。**颜色过深的画,容易给人造成沉重、压抑的感觉,严重的还会使人意志消沉、缺乏朝气,更严重的还会令人晚上不能安睡、失眠。

③**不宜挂落日西沉画(如夕阳图)。**"夕阳无限好",这样的意境很美,但是下句"只是近黄昏"的寓意则令人不快。

④**不宜挂凌乱费解的图画。**有的抽象艺术图画,颜色太深,凌乱不堪,令人难以理解,会令家人情绪不定。

⑤**不宜挂洪水猛兽的图画。**洪水指瀑布之类的图画;猛兽指猛虎下山、老鹰扑食之类的图画。这样的图画看似气势磅礴,十分大气,但是却不利心理健康。

⑥**不宜挂有突兀感的图画。**突兀之物是指像秃鹰、孤石这类题材的画,这些内容的画有可能令家人产生不好的联想。

182 书房适合挂什么字画？

①**挂画原则：**书房挂画不但要追求赏心悦目，还要有所寓意，能够体现出个人的喜好、修养、品德等。

②**挂画类型：**除非是特立独行的人，书房多选花草植物、风景等静态的装饰画，或者是一些书法作品、诗词等。

常见几种挂画的寓意	
竹报平安图	竹子有君子之风，又象征谦虚的美德，也用来形容老年人健康，"竹"又与"祝"谐音
红梅傲雪图	梅花历来被人们当作崇高品格和高洁气质的象征
天道酬勤（书法）	努力总会有回报，寓意机遇往往只垂青于孜孜以求的勤勉者
宁静致远（书法）	淡泊名利、远离世俗，于闹市中修身养性，象征自己思想境界高

183 如何区别正版与盗版装饰画？

在外观上，盗版画制作大多不精良，画框的边角多采用简单的直角工艺，且砍价幅度极大。正版装饰画供应商都会在画框后面标有商标，并提供设计服务及售后服务。

184 装饰画该如何进行日常养护?

①**保持环境的整洁**。减少灰尘的进入,一个干净的环境才能避免装饰画积上太多的灰尘。

②**避免阳光直射**。日光中的紫外线以及热度会对纸张以及色彩造成伤害,尤其是油画。因此,悬挂装饰画时尽量避开阳光直射的区域,人工光源也应避免。若需要对着光源,可以加层玻璃作部分阻隔。

③**避免潮湿,避免淋上水渍**。如果是把装饰画保存起来,要记得防潮,不要接触墙面和接近窗户。平时应该避免杀虫剂、喷雾剂、香烟等碰触到装饰画,而且要注意通风和防潮,防止它的材质被损坏或者发生不好的变化。

为了防止光源的侵害,可以将挂画与墙面倾斜一定的角度,画与墙的夹角保持在 15 ~ 30 度之间。

185 什么是花板? 如何在空间中运用?

花板的形状多样,有正方形、长方形、八角形、圆形等形状。雕刻图案内容多姿多彩,含意丰富,中国的传统吉祥图案都能在花板上找到。在空间运用上,可将四块长方形组合在一起,形成一幅完整的图案,挂在客厅的沙发、电视柜上面,点缀出典雅之感。

186 什么是照片墙？特点是什么？

家居中的照片墙承载着展现家庭重要记忆的使命，得到了很多人的青睐。照片墙有很多种叫法，比如相框墙、相片墙或者背景墙之类。照片墙不仅形式各异，同时还可以演变为手绘照片墙，为家居带来更多的视觉变化。

187 照片墙的种类有哪些？

照片墙的材质多种多样，有实木、塑料、PS发泡、金属、人造板、有机玻璃等。目前流行的照片墙的材料主要有实木、PS发泡这两种材料。

188 如何设计出一个既个性又耐人寻味的相片展示区？

相框的颜色不一致是杂乱的主要原因，将所有相框统一粉刷成白色或者其他中性色调，这样尽管形状不同，但整体色调是一致的。把照片扫描并黑白打印出来，只留一张彩色照片作为闪亮焦点。把相片陈列在墙面的相片壁架上，靠墙而立，并且随时更换新的照片作品。分层次展示的时候可以在每层选择一个彩色相片作为主角，用其他的黑白照片来陪衬。

189 如何安装照片墙？

①将相片或图片装入空白相框里面，将带有图片或相片的相框准备好。

②用工字钉将图纸模板固定在墙面上，位置固定好后，最好再用透明胶粘好以免移位。注意图纸一定要水平，不能倾斜，图纸要尽量展平压贴墙壁，不要起皱拱鼓。

③将塑料挂钩按照模板上面的圆圈钉在墙上，锤打挂钩时不要让图纸松落、移位。

④将所有挂钩固定后，小心地撕破图纸，尽量不要损坏。

⑤把所有相框挂好后，看一下什么图片和相片放什么位置，随着自己的个性和品位，做适当的调整。

⑥确定好图片和相框的位置后，用水平仪检查一下每个相框的摆放位置是否与地面水平，有不水平的可适当做调整。

190 照片墙该如何清理？

定期用吸尘器洗尘，否则时间太长灰尘太多会很难处理。发现污迹时，采用毛巾加清水清理，记得毛巾要拧干，切记不要将湿的毛巾直接覆盖在墙面上。

191 装饰墙贴的优缺点有哪些？

优点	价格便宜，施工简单、方便，使用灵活，可随时更换；局部装饰性较强
缺点	不适宜大面积装饰；图案相对比较单一，个性化较差；时间久了易有翘边现象

192 装饰墙贴有哪些种类？

分类	概述
使用面材	模造纸、铜版纸、透明PVC、静电PVC、聚酯PET、镭射纸、耐温纸、牛皮纸、荧光纸、感热纸等
使用膜类	透明PET、半透明PET、透明OPP、半透明OPP、透明PVC、合成纸、有光金（银）聚酯、无光金（银）聚酯等
使用胶型	通用超黏型、通用强黏型、通用再揭开型、纤维再揭开型等
使用底纸	格拉辛纸、牛皮纸、聚酯PET、铜版纸等
实际使用类型	卡通墙贴、韩版墙贴、植物花卉墙贴、开关贴、人物类墙贴、文字风情墙贴等
使用环境	客厅装饰墙贴、卧室装饰墙贴、餐厅装饰墙贴、书房装饰墙贴、卫浴装饰墙贴、过道走廊装饰墙贴、休闲区域装饰墙贴等

193 什么样的人群适合运用装饰墙贴来装点家居环境？

墙贴非常适合忙碌而追求高品位精致生活的人。快节奏的生活一切讲究快捷简便，一个已雕刻好的漂亮图案只需把它贴在需要装饰的位置就行。比起请装修队伍来设计制作成本较高的装饰墙来说，方便又实用。

194 墙贴的使用寿命是多长？清洗方便吗？

墙贴的使用寿命跟使用环境有一定的关系，一般来说使用5～6年以上是没有问题的。墙贴是防水不褪色的，贴在淋浴、厨房、卫浴都可以。不过，贴之前必须先用干的抹布擦掉被贴面的油渍污渍，这样会保存比较牢固。墙贴脏了可以用湿布擦，非常方便。

195 墙纸和墙贴有什么区别？

墙纸	墙贴
传统墙纸是家居装修整体风格的一部分	墙贴是家居装饰最佳的点缀
传统墙纸犹如给墙面穿了一件漂亮的衣服	墙贴是在漂亮衣服上佩戴的一件吸引人目光的点缀饰品
传统墙纸施工复杂，随时间增长易脱落	墙贴施工简单、可移除，可随心所欲进行贴装

196 如何鉴别墙贴的优劣？

①**辨别气味**。打开包装时，在15厘米的距离内，闻一下是否有某些特殊的刺鼻的气味。不合格的胶水会掺杂汽油或甲醛成分，如果在生产中没有挥发完全，则会残留在包装袋中。而合格的产品基本不会产生很强烈的刺激性的气味。

②**看贴纸的黏性**。通常质量好的贴纸，其胶水初粘感觉不强，

但是贴上去几分钟后不会翘边，而是非常平整地贴于平面。如果在 1 个小时之内，没有起边、起翘现象，基本认为贴纸的黏性达标。

③**看印刷效果。**凭目测来判断印刷套色是否准确，以及颜色是否鲜艳。通常，印刷颜色的持久性在室内（非阳光强烈照射）可以保持 1～2 年左右。

④**看图形冲压效果。**许多贴纸图形均经过冲压而分离，冲压的质量直接影响用户使用剥离贴纸时的方便程度和快捷性。通常，只需要查看冲压的地方是否已经存在明确的分离即可。

⑤**看测试报告。**在购买贴纸时，最好让商家提供相关产品的 EN71 认证报告。

197 墙贴的使用方法是什么？

①先准备好一些工具：剪刀、小刀、卡片或银行卡。首先将图案周边多余的空白部分用剪刀剪掉，这样比较容易粘贴。

②开始贴之前，将转移膜贴在图案上，并用卡片或银行卡在转移膜上反复来回刮几下，使图案与转移膜更好地粘在一起，贴在墙上后不会有气泡出现。

③将粘有图案的转移膜轻轻撕离图案底纸，如果图案有没粘在转移膜上的地方，可用小刀辅助一下。在贴面积比较大的图案时，可以将图案反过来，把图案的底纸撕离转移膜和图案。

④用转移膜剪下的边角料在墙角的墙面测试一下墙面的性

能，确定墙面没问题后再粘贴。如果墙面掉粉或在撕下转移膜时会连同墙面漆一起粘下，处理后再进行粘贴。

⑤贴图案时，先将转移膜的一角粘在墙上，然后慢慢将粘有图案的转移膜顺着向下的方向贴在墙上，接着用卡片由图案中间向四周的方向反复划几下，使墙贴更好地粘在墙壁上。

⑥将转移膜撕离墙面时，尽量慢一些，可以一边按着图案，一边撕离转移膜，一定不要将图案一起撕下来。

第五章 工艺品

工艺品为通过手工或机器将原料或半成品加工而成的产品，是对一组有价值的艺术品的总称。工艺品来源于生活，却又创造了高于生活的价值。它是智慧的结晶，充分体现了人类的创造性和艺术性。

198 工艺品有哪些种类？

工艺品按照制作材质可以分为玻璃工艺品、水晶工艺品、金属工艺品、陶瓷工艺品、植物编织工艺品和雕刻工艺品等。

199 工艺品在家居装饰中的摆放原则是什么？

①**要注意尺度和比例**。随意地填充和堆砌，会产生没有条理、没有秩序的感觉；布置有序的艺术品会有一种节奏感，就像音乐的旋律和节奏给人以享受一样，要注意大小、高低、疏密、色彩的搭配。

②**要注意艺术效果**。组合柜中，可有意放个画盘，以打破矩形格子的单调感；在平直方整的茶几上，可放一只精美花瓶，丰富整体形象。

③**注意质地对比**。大理石板上放绒制小动物玩具，竹帘上装饰一件国画作品，更能突出工艺品地位。

④**注意工艺品与整个环境的色彩关系**。小工艺品不妨艳丽些，大工艺品要注意与环境色调的协调。具体摆设时，色彩鲜艳的宜放在深色家具上，美丽的卵石、古雅的钱币，可装在浅盆里，放置低矮处，便于观赏全貌。

200 工艺品适合摆在家居中的什么位置？

一些较大型的反映设计主题的工艺品，应放在较为突出的视觉中心的位置，以起到鲜明的装饰效果，使居室装饰锦上添花。如在起居室主要墙面上悬挂主题性的装饰物，常用的有兽骨、兽头、刀剑、老枪、绘画、条幅、古典服装或个人喜爱的收藏等。

　　在一些不引人注意的地方，也可放些工艺品，从而丰富居室表情。如书架上除了书之外，还可以陈列一些小的装饰品，如小雕塑、花瓶等饰物，看起来既严肃又活泼。在书桌、案头也可摆放一些小艺术品，增加生活气息。但工艺品切忌过多，到处摆放的效果将适得其反。

201 没有经验，又想在家摆些工艺品，应该从何下手？

　　小型工艺饰品是最容易上手的布置单品。在开始进行空间装饰的时候，可以先从此着手进行布置，增强自己对家饰的感觉，再慢慢扩散到体积较大或者不易挪动的饰品。小的家居饰品往往会成为视觉的焦点，更能体现主人的兴趣和爱好，例如彩色陶艺和干花等可以随意摆放的小饰品。

工艺品在家中的摆放比例多少才适合？

202

从人和空间的关系来讲，人少空间大，对人体健康有利。现在家庭成员大都是 2 ~ 3 人，房子空间是固定的，家饰的布置要随着功能家具的布置而动。对卧室而言，一张舒适的睡床，一个或两个卧室柜即可。而对于家饰而言，只要在柜子上摆放一两个精致的装饰品即可，就连墙上挂的画也最多不要超过两幅，而且最好是精品。

地中海风格的家居中可以选择什么工艺品进行装饰？

203

在地中海浓郁的海洋风情中，当然少不了贝壳、海星这类装饰元素，这些小装饰在细节处为地中海风格的家居增加了活跃、灵动的气氛。

204 日式风格的家居中可以选择什么工艺品进行装饰？

①**和服娃娃**。和服是日本的民族服饰，其种类繁多，无论花色、质地和式样，都可谓变化万千。而穿着和服的娃娃具有很强的装饰效果，在日式风格的家居中会经常用到。

②**清水烧**。清水烧是京都陶瓷艺品，具有多种多样的表现手法，以细腻的画法和丰富的釉色而闻名于世。在日式风格的家居中也是不可或缺的装饰品。

205 韩式风格的家居中可以选择什么工艺品进行装饰？

韩国是一个非常具有民族特性的国度，因此能代表本土特色的工艺品很多，比如韩国木雕、韩国面具、韩国太极扇、民间绘画饰品等。这些元素如果合理地运用于家庭装饰中，可以在细节处将韩式风格体现得淋漓尽致。

111

206 厨房适合摆放什么样的饰品?

厨房空间比较小,作配饰设计时可以选择同样色系的饰品进行搭配。对厨房的墙壁稍修饰一番,整个厨房的感觉就可能大为改观。而厨房墙壁的处理可以采用悬挂艺术画或装饰性的盘子、碟子,或其他精致的壁上艺术。这种处理可以真正增加厨房里的宜人氛围。

207 潮湿的卫浴最适合什么样的工艺品?

塑料是卫浴里最受欢迎的材料,色彩艳丽且不容易受到潮湿空气的影响,清洁方便。使用同一色系的塑料器皿包括纸巾盒、肥皂盒、废物盒,还有一个装杂物的小托盘,会让空间更有整体感。不同风格的卫浴搭配不同的色彩,也是一种流行。另外,铁艺毛巾架造型多样,使单一的墙面变得很有生机,而且采用圆环、弯钩、横档等多种设计,可以满足不同的喜好。

208 铁艺装饰品的特点是什么？如何在家居空间中运用？

　　铁艺装饰品是家居中常用的装饰元素，无论是铁艺烛台还是铁艺花器等，都可以成为家居中独特的美学产物。铁艺在不动声色中，被现代的工艺变幻成了圆形、椭圆形、直线或曲线，变成了艺术的另一种延伸和另一种表现力。只要运用得当，铁艺与其他配饰巧妙地搭配，便能为居室带来一种让人无法抗拒的和谐气氛。

209 铁艺饰品的材料具体分为哪几类？

　　铁艺饰品所采用的材料一般为扁铁、铸铁、锻铁三种，其中，扁铁与铸铁一般都用于较大构件制作，形式比较粗犷，价格也相对低廉一些。现在常用的大部分铁艺饰品都采用锻铁制作，这种制品材质比较纯正，含碳量较低，其制品也较细腻。因此，在选择饰品材料时，一定要注意材料与价格的对应关系。

210 铁艺饰品的搭配原则是什么？

　　①**艺术性与实用性的统一。**铁艺饰品线条明快、简洁，集功能性和装饰性于一体，古典美与现代美于一身。铁艺饰品在家居中一般用在椅子、茶几、花架、鞋柜、杂品柜、防盗门、

暖气罩、楼梯扶手和挂在墙面的饰物上。这些兼具实用性和艺术性的铁艺饰品呈现出典雅大方的特点。家居中许多"死角"更可装饰上铁艺饰品，打破单调的平面布局，丰富空间的层次，并与整个家居的设计相映成趣。

②**铁艺与古典空间**。复古空间给人大气的感觉，但是难免会出现一些"死角"，这样的细节空间不容易与整体空间达成统一。这时，铁艺雕花等就有了用武之地。它们稳重的特性与居室的整体风格一致，又能为空间带来一丝华丽气息。

③**不可过分使用**。铁艺在家装的很多地方都有用武之地。因此，喜欢铁艺的人常将家中布满了铁艺饰品。但是，铁艺饰品色泽暗淡，容易给人以沉重感，所以在家居空间中不宜过多使用。

211 铁艺能与哪些其他材质的饰品搭配摆放？

①**铁艺与藤**。一个理性、一个感性，在对比中产生和谐气氛，形成轻快、明朗的感觉，在沉稳中不失活泼。

②**铁艺与实木**。铁的质地冰冷清凉，实木又是最自然原始的家具素材，两者的组合带给人简洁质朴的感觉，自然又简单。

③**铁艺与皮革**。铁与皮质相结合的铁艺饰品带来浓浓的欧洲时尚气息，展现出简洁圆润的空间设计感，在极具质感的皮料的衬托下，冷酷而理性的金属特性表现得淋漓尽致。

④**铁艺与布艺**。铁艺与布艺的巧妙结合，会制造出意想不到的效果。布艺的柔和能够软化金属铁的硬朗，让居室中更添一丝生活气息。

⑤**铁艺与玻璃**。铁艺因其色泽多为黑色和古铜色，势必给人以沉重感，而玻璃的单纯和透明可以与之形成一定的对比反差。家居装饰玻璃与铁艺搭配，在室内装饰中起到了极佳的点

缀效果，它的优美的弧线起到了与众不同的效果。区别于室内的直线造型，平添室内的情趣，营造温馨活泼的气氛。

⑥**铁艺与塑料**。冷酷坚硬的铁与温暖柔韧的塑料结合，让人拥有悠闲放松的假日体验，而明亮的金属搭配色泽明亮的塑料，更能给时尚生活多增添几分亮丽鲜艳的色彩。

212 怎样选购铁艺饰品？

要注意金属的断面处理是否光滑。这种铁艺制作过程中，都需经过除油污、杂质、除锈和防锈处理后才能成为家庭装饰用品，所以选择时应注意其表面是否光洁。在选购时多注意细节部分，如花瓣、叶子、枝条工艺细腻、无断痕。另外，挑选烤漆类饰品，要保证漆膜不脱落、无皱皮，无明显流挂、疙瘩、磕碰和划伤。

213 陶艺饰品的搭配原则是什么？

陶艺饰品的摆放原则是宜精不宜多，要与整体家居环境相和谐，既要考虑到空间的大小、风格，也要考虑到家具式样、颜色。一般情况下，面积较小的房间，放上一个大陶雕，会有喧宾夺主的感觉。

214 组合陶艺的特点是什么？如何在家居空间中运用？

　　组合陶艺适合比较宽敞的居室。选择一些造型各异、大小不同的陶艺品组合摆放，装点面积较大的客厅、餐厅、卧室或书房，能让空间呈现出高雅的氛围。但要注意的是，陶艺品之间的色彩、形状一定要搭配得当。

215 挂式陶艺的特点是什么？如何在家居空间中运用？

　　悬挂型陶艺是把不同的图案烧制成壁画、瓷盘挂在墙上的陶艺饰品，有的会镶个木框，有的就是原本的瓷盘。墙上可以设置专门的彩色灯光照在瓷盘上，突出图案的艺术特色。有的家庭将主人像片描绘在瓷盘上，也别具特色。还有的家庭在专业市场上买来各种彩绘瓷片，根据自己的爱好加工成形态各异的造型，再做一块衬板，把瓷片贴合在一起挂在墙上，别有一番情趣。

216 雕塑型陶艺的特点是什么？如何在家居空间中运用？

　　雕塑型陶艺是用接近于本色的陶泥，雕塑出栩栩如生的人物、动物或其他事物的造型，置于房间的一角和案头，会给房间带来艺术气息。陶泥雕塑可分为微雕、浮雕、影雕，这些雕塑品基本上都是手工活，很有收藏价值，装饰性也很强。巧夺天工的雕塑使家居装饰多姿多彩。

217 天鹅陶艺品的特点是什么？
如何在家居空间中运用？

在新欧式风格的家居中，天鹅陶艺品是经常出现的装饰物，不仅因为天鹅是欧洲人非常喜爱的一种动物，而且其优雅曼妙的体态，与新欧式的家居风格十分相配。

218 怎样选择陶艺饰品？

①**看表面**。可以从上到下、从里到外地仔细查看，看有无变形、扭曲，有无缺釉、粘釉、磕碰、掉瓷及疤痕现象。饰品上的图案或雕刻上的花纹应完整、统一、清晰、牢固，勾画的装饰金、银线，应粗细一致，光亮美观。单色产品应颜色均匀、一致。

②**听声音**。将饰品放在柜台上、地上或用手托起，轻弹几下，声音清脆、响亮，说明质量好、结实，如声音异常，则说明有裂纹、内伤或破损现象。如果是大件饰品，还应该在不同部位听听声音。

贺小俣 支招

带把、嘴的浮雕类的饰品，如花瓶两边的"耳"等，都是二次成型，也就是粘到主体上去的。因而应该仔细观察这些部位有无间隙、缺釉现象，有无分离感，应注意平滑顺畅，过渡自然，无粘接痕迹。

219 玻璃饰品的搭配原则是什么？

玻璃饰品通透、多彩、纯净、莹润，颇受人们的喜爱。在厚重的家具体量中，轻盈的玻璃饰品可以起到反衬和活跃气氛的效果；在华贵的装饰中用玻璃制品，可以突出静谧高贵的气质；在鲜艳热闹的场合里用描金的彩绘玻璃晶，可以营造出欢快的气氛。

220 怎样选购玻璃饰品？

目前市场上销售的艺术玻璃从工艺上大致分为彩绘、彩雕两种类型。从加工手法上分为热熔、压铸、冷加工后粘贴等类型。如果艺术玻璃产品采用粘贴的技法，一定要关注粘贴所采用的胶水和施胶度，鉴别的方法是看粘贴面是否光亮，用胶面积是否饱满。在选购时，还要观察玻璃的内部是否有生产时残留的手渍、水渍和黑点。

221 木雕的特点是什么？如何在家居空间中运用？

东南亚木雕品基本可以分为泰国木雕、印度木雕、马来西亚木雕3个品种，其主要的木材和原材料包括柚木、红木、桫椤木和藤条。其中，木雕的大象、雕像和餐具都是很受欢迎的室内装饰品。

222 锡器的特点是什么？如何在家居空间中运用？

　　东南亚锡器以马来西亚和泰国产的为多，无论造型还是雕花图案都带有强烈的东南亚文化印记，因此成为体现东南亚风情的绝佳室内装饰物。

223 青花瓷的特点是什么？如何在家居空间中运用？

　　青花瓷是中国瓷器的主流品种之一，在明代时期就已成为瓷器的主流。在中式风格的家居中，摆上几件青花瓷装饰品，可以令家居环境的韵味十足，也将中国文化的精髓满溢于整个居室空间。

224 玉雕工艺品的特点是什么？

玉雕是中国最古老的雕刻品种之一。玉雕的品种很多，主要有人物、器具、鸟兽、花卉等大件作品，也有别针、戒指、印章、饰物等小件作品。另外，玉雕富

含人体所需的多种微量元素，对经络、血脉、皮肤等都有好处，能起到 定的保健作用。

225 树脂工艺品的特点是什么？

树脂工艺品是以树脂为主要原料，通过模具浇注成型，制成各种造型美观、形象逼真的人物、动物、昆鸟、山水等，并可制成各种仿真效果，如仿铜、仿金、仿银、仿水晶、

仿玛瑙、仿大理石、仿汉白玉、仿木等树脂工艺品。

226 编织工艺品的特点是什么？

编织工艺品是将植物的枝条、叶、茎、皮等加工后，用手工编织而成的工艺品。编织工艺品在原料、色彩、编织工艺等方面形成了天然、朴素、清新、简练的艺术特色。

分类	概述
柳条编	柳条编是一种用杞柳条制成的工艺品。杞柳亦称"红皮柳"，丛生灌木，枝条韧性强，适于编织成各种生活用品，如箱、盘、篮、玩具等
玉米皮编	玉米皮质地柔韧，结实耐久。工艺产品中以茶垫最为精美。玉米皮还可染色，能编出十字花、菱形花及文字等多种图案花样
草编	利用各地所产的草，就地取材，编成各种工艺品，如提篮、果盒、杯套等
竹编	竹编是一种用竹篾编织的工艺品

227 水晶工艺品的特点是什么？

水晶工艺品是指用水晶材料制作的装饰品。水晶工艺品有：水晶雕件、水晶画、屏风、水晶观赏球、水晶鼻烟壶、水晶招财树等。水晶工艺品晶莹剔透、高贵雅致，既有实用价值又有装饰作用，因此深受人们喜爱。

228 工艺蜡烛在居室装饰中可以起到什么作用？

工艺蜡烛搭配精美的烛台，能够烘托出浪漫的氛围。蜡烛的形状多样，搭配比较讲究。烛台是点睛之笔，按材质可分为玻璃烛台、铝制烛台、陶瓷烛台、不锈钢烛台、铁艺烛台、铜制烛台、锡制烛台和木制烛台，多用在餐厅、卫浴或厨房，以烘托气氛。

229 佛手的特点是什么？如何在家居空间中运用？

东南亚国家多具有各自的宗教和信仰，因此带有浓郁宗教情结的家饰相当受宠。在东南亚风格的家居中可以用佛手来装点，这一装饰可以令人享受到神秘与庄重并存的奇特感受。

230 大象饰品的特点是什么？如何在家居空间中运用？

大象是东南亚很多国家都非常喜爱的动物，相传它会给人们带来福气和财运。因此在东南亚风格的家居装饰中，大象的图案和饰品随处可见，为家居环境中增加了生动、活泼的氛围，也赋予了家居环境美好的寓意。

231 插花器皿在居室装饰中可以起到什么作用？

插花器皿品种繁多，数不胜数。以制器材料来分，有陶、瓷、竹、木、藤、景泰蓝、漆器、玻璃和塑料等制品。每一种材料都有自身的特色，作用于插花会产生各种不同的效果。花艺的造型构成与其所使用的器皿有直接的关系。

232 什么是陶瓷花器？有什么特点？

陶瓷花器的品种极为丰富，或古朴或抽象，既可作为家居陈设，又可作为插花用的器饰。在装饰方法上，有浮雕、开光、点彩、青花、叶络纹、釉下刷花、铁锈花和窑变黑釉等几十种之多，有的苍翠欲滴、明澈清润；有的色彩艳丽、层次分明。

233 什么是金属花器？有什么特点？

金属花器是指由铜、铁、银、锡等金属材料制成的花器，具有豪华、敦厚的观感，其制作工艺的不同能够反映出不同时代的特点。在东、西方的花艺中都是不可缺少的道具。

234 什么是编织花器？有什么特点？

编织花器包含藤、竹、草等材料制成的花器，具有朴实的质感，与花材搭配，具有田园气氛。编织花器易于加工，形式多样，具有原野风情。

235 木制工艺品该如何进行日常养护？

　　木制品不能放在阳光下暴晒，切忌空调对着吹，要保持室内空气的湿润度，宜用加湿器喷湿。木制工艺品一般使用年代较长，最好每隔三个月用少许蜡擦一次，不仅增加其美观，而且保护木质。要保持木制工艺品整洁，日常可用干净的纱布擦拭灰尘，不宜使用化学光亮剂，以免漆膜发黏受损。

236 金属类工艺品该如何进行日常养护？

　　①放置金属类工艺品的房间必须保持干燥，少尘埃和空气污染物。应预防接触会腐蚀金属的有害化学作用物质，如酸类、油脂、氯化物等。

　　②搬动此类工艺品一定要戴上棉丝手套，不可用手直接接触，以避免被手上的汗腐蚀，也不可用有油污的纸或盒子来包装。

　　③工艺品上的尘埃，要用干净柔软的布片或柔软的毛刷去除，也可用吸尘器吸走。

　　④金属类工艺品摆放时间过长之后，或多或少会出现一些喑哑的现象，这个时候可以用棉丝质的细布轻轻来回擦拭，可达到抛光的效果，让表面的保护蜡层重新焕发光彩。

237 石雕工艺品该如何进行日常养护？

　　①石雕工艺品不宜放置于明火、火墙、火炕、火炉的附近，不要对着空调风口直吹，也不要放在暖气片的附近。

　　②不宜用带水的毛巾擦拭，可用含蜡质的或含油脂的纯棉毛巾擦拭。经常用干棉布或鸡毛掸子将石雕工艺品上的灰尘掸去。

　　③如果发现石雕工艺品的光泽不好，可以用刷子将上光蜡涂于石雕工艺品的表面，用抹布轻擦抛光即可。

238 铁艺饰品该如何进行日常养护?

在铁艺制作过程中，需经过清除油污、杂质、除锈和防锈处理后才能成为家庭装饰品，所以选择时应注意其表面是否光洁。铁艺饰品还应尽量少用在容易被划以及潮湿的部位，而应放在干燥、通风之处，以防锈蚀。当铁艺饰品有了灰尘时，可以拿软刷子沿着缝隙刷，再用湿软布擦拭，切勿用硬刷子刷。

239 玻璃饰品该如何进行日常养护?

①最直接的清洁方法就是用玻璃清洁剂。但是如果不希望采用化学类洗剂，尤其针对餐具类的器皿，也可以用温热的醋水来擦拭或用洋葱切片祛除油渍。如果磨砂玻璃饰品脏了，可以用沾有清洁剂的牙刷，顺着图案打圈清洁。

②避免用沾着油污的手去拿磨砂玻璃的部分，那些油污颗粒会陷在玻璃表面微小的凹凸里不易去除。

③如果玻璃贴上了不干胶贴纸，可用刀片将贴纸小心刮除，再用指甲油的去光水擦拭。一定要轻拿轻放，切忌碰撞。

第六章 生活日用品

生活日用品顾名思义就是指生活中使用的物品，是普通人日常使用的生活必需品，即家庭用品、家居食物、家庭用具及家庭电器等。按照用途划分有：洗漱用品、家居用品、炊事用品（有的按厨卫用品归类）等。

240 镜子在居室装饰中可以起到什么作用？

在家庭装修中，特别是带有缺陷的户型，例如面积窄小、进深过长、开间过宽等，运用镜子做装饰是最为常用的装饰手法，既能够起到掩饰缺点的作用，又能够达到装饰的目的。镜子除了厨房之外，基本上各个空间都能够使用镜子做装饰。一面带有精美边框的镜子，可以让房间更漂亮，还能够增加宽敞感和明亮感。

241 客厅镜子的摆放应注意哪些事项?

①**镜子并不是越多越好。**镜子对空间的拓展有一定的效果，能增加住宅的空间感，但并不是数量越多越好。如果家中镜子过多，由于其存在反射光线，会折射一些有害波光，扰乱人体磁场正常的工作，使人的身体受到光辐射的损害。

②**镜子的大小宜与家居空间成比例。**镜子若是长形的，应以见到整个身体的尺寸为佳。

③**镜子最好不要嵌在客厅的吊顶上。**这会使坐在客厅中的人有压抑感。

④**客厅不宜大面积运用镜面做装饰。**如果有一面大镜子，人无论在哪一个位置，影子都会在镜中出现。久而久之，会对人的情绪产生不良的影响，尤其是在工作疲劳时，更易产生错觉，引起恐慌。

贺小俣支招

镜子与其他材料结合使用，形成一个完整的背景墙是最佳方式。例如，在镜面面积较大的时候，加入格纹元素，就可以弱化整片镜面所带来的不适感。

242 镜子如何在玄关中使用?

玄关处的镜子可以与玄关几搭配使用，采用同一种风格或者同一系列效果更好。玄关几上可以用来放置零碎的、出门使用的东西，如果搭配一些插花、蜡烛或者工艺品，则更具品位。

243 镜子如何在过道中使用？

家中如有较长的走廊，可在走廊两侧交错挂平面镜，使走廊看起来比较宽敞；如果走廊较黑暗、弯曲，可在弯曲处悬挂凸镜来丰富视野。还可以利用镜子来改变过道的比例，在一侧安装镜子既能够显得美观又能够让人感觉宽敞、明亮。过道中的镜子宜选择大块面的造型，可以是立式的，也可以是横式的，小镜子起不到扩大空间的效果。

244 镜子如何在壁炉上方使用？

壁炉是欧式风格中最具代表性的设施。如果在壁炉上方搭配一面镜子，能够增强华丽感。夜晚通过镜面的反射，能够使人感觉更加温馨。镜子边框的造型宜与壁炉的造型风格相搭配，使家居风格更具整体感。

245 镜子如何在餐厅中使用？

餐厅中的镜子可以采用大块面的，如果有餐边柜，可以悬挂在餐边柜上方，利用反射映射出餐桌上的菜肴，以加强灯光效果，促进食欲，美化环境。

246 镜子如何在卧室中使用？

卧室中安装镜子更多的是为了满足使用需求，挂在墙上或者橱柜门上，或落地式放在地面上，能够照射到全身，整理衣服更加方便。

247 镜子能不能对着床放？

镜子最好不要对着床摆放。因为镜子有反射光，这是一种不良的射线，对着身体，会造成神经衰弱、睡眠质量差等不良反应。镜子在夜晚的反射，刺激人的神志，产生幻觉、恐慌。如果镜子对着床，不妨在镜子上安装一个布帘，睡觉时放下来。

248 镜子如何在卫浴中使用？

镜子是卫浴中必不可少的装饰，美化环境的同时，方便整理仪容。通常的做法是将镜子悬挂在洗漱台的上方。如果空间足够宽敞，可以在洗漱镜的对面安装一面伸缩式的壁挂镜子，能够让人看清脑后方，方便进行染发等动作。如果卫浴窄小，还可以在浴缸上方悬挂带有支架的镜子，以扩大空间感。

249 卫浴镜子的安装高度是多少？

卫浴镜子的高度要以家里中等身材的人为准去衡量，一般可以考虑镜子中心到地面 1.5 米左右。家中身材中等的人站在镜子前，他的头在整个高度的四分之三处最合适。如果镜子是安装在洗脸盆上方，其底边最好离台面 10～15 厘米，以免洗脸时将水溅到上面。另外，镜子旁边还可以装个能够前后伸缩的镜子，这样可以全方位观察自己和照一下细部。

250 镜子在小户型家居中该如何运用？

镜子因对参照物的反射作用而在狭小的空间中被广泛使用，但镜子的合理利用又是一个不小的难题，过多会让人产生晕眩感。要选择合适的位置进行点缀运用，比如，在视觉的死角或光线暗角，以块状或条状布置为宜。忌相同面积的镜子两两相对，那样会使人产生不舒服的感觉。

251 穿衣镜一般需要多高？

竖直放着的穿衣镜，只要有人身高的一半就能照出全身像来。所以，大衣柜上的穿衣镜一般只有 1 米或 90 厘米长就够了。

252 穿衣镜该如何摆放？

①**衣柜自带镜**。很多衣柜在设计时都会在一面门上安上镜子。长长的镜身镶在门上，与衣柜合二为一，节省空间。但一般情况下，卧室中不适宜放镜子。如果衣柜刚好正对着床，衣柜中的穿衣镜最好平时是在柜中隐藏起来，用时才拉出来。

②**独立穿衣镜**。很多独立穿衣镜只是给一块玻璃镶了个镜框，并固定在底座上。这样的穿衣镜可以方便摆放在任何地方或角落。现在市面上的独立穿衣镜常常和一些柜子结合在一起，或者在镜子的背面固定一些搁物架，而镜子和底座通过可以旋转的轮轴固定起来，方便使用。

③**更衣间**。用在更衣间的穿衣镜与更衣间的空间大小和形状有很大关系。U形更衣间的镜子，可以把镜子藏在门后，或藏在更衣间的推拉门内；L形的更衣间，可以把镜子放在第三面没有柜子的墙上；更小的更衣间可以在柜子里隐藏穿衣镜，节省空间。

253 餐具、餐垫及餐桌布该怎样搭配运用？

①**餐具与餐垫**。要改变一间餐厅的视觉感受，首先要做的是改换餐垫的颜色，然后搭配上色彩协调的餐具。在选择餐具时，可以让它们相互之间有一些色差，这样视觉上会更活泼些。

②**餐桌布**。像厨房的台面一样，餐桌布的选择可以点出整个空间的灵性，使就餐气氛活跃起来。一块纯棉的素色桌布可以体现出主人的精细，而一块花纹质朴的桌布会唤起整个餐厅的田园气息。

254 西式餐具可以分为哪些类别？

西餐餐具可以分为瓷器、玻璃器皿和钢铁类餐具三大类。它们是生活中的必需品，是体现精致生活的细微之处。

255 瓷器餐具的图案包括哪些种类？

瓷器的图案大致可分为传统、经典和现代三种。传统图案经过历史的传承，具有很强的装饰性和古典感；经典图案较为简洁，不易过时，不会跟室内的布置产生不协调的效果；现代图案则更具潮流感、时尚感和时代感。可根据个人喜好和室内风格选择整套的餐具。

256 西餐餐具中的玻璃器皿包括哪些种类？

西餐餐具中常用的玻璃器皿包括各种酒杯、醒酒器、冰桶、糖罐、奶罐、沙拉碗等，最好与瓷器的款式和风格搭配购买。

257 西餐餐具中的金属类餐具包括哪些种类？

常见的金属类餐具包括刀、叉、匙等，材质多为不锈钢，也有银质的高档餐具。刀、叉又分为肉类用、鱼类用、前菜用、甜点用，而汤匙除了前菜用、汤用、咖啡用、茶用之外，还有调味料用汤匙。调味料用汤匙即是添加调味料时所使用的汤匙，多用于甜点或是鱼类料理。

258 欧风茶具的特点是什么？如何在家居空间中运用？

欧式茶具不同于中式茶具的素雅、质朴，而呈现出华丽、圆润的体态，用于新欧式风格的家居中，不仅可以提升空间的美感，而且闲暇时光还可以用其喝一杯香浓的下午茶，可谓将实用与装饰结合得恰到好处。

259 骨瓷餐具该如何选购?

①**看色泽。**主要是看骨瓷的不覆盖花面的胎体部分的色泽,真正骨炭含量高的优质骨瓷,其色泽应该是乳白色或者称为奶白色。骨瓷不是越白越好,自然的乳白色才是上等货。

②**听声音。**听声音有两种方法,一种就是把瓷器碗托在一只手的手心中,注意,千万别抓在手心中,否则会弹不响,另一只手弹一下骨瓷的碗口边缘处,好的骨瓷有清脆的回音,响声越长久质量越好;第二种就是往碗中倒三分之一左右的水,拿手沾些水沿着碗边转会发出"唧唧"的共鸣声,声音也是越清脆越好。

③**看外观。**看外形是否周正,是否有破损、斑点、起泡等。

第七章 家电用品

家用电器主要指在家庭及类似场所中使用的各种电气和电子器具，又称民用电器、日用电器。家用电器使人们从繁重、琐碎、费时的家务劳动中解放出来，为人类创造了更为舒适优美、更有利于身心健康的生活和工作环境，提供了丰富多彩的文化娱乐条件，已成为现代家庭生活的必需品。

260 常见液晶电视的尺寸规格是多少？

通常我们所说的某显示器或电视机是多少寸，其实是指英寸，而且是指长方形显示器对角线的长度，严格讲是屏幕能显示图像的尺寸（不包括边缘），无论对于液晶电视、平板电视、CRT 电视都是一样的。了解了这个"寸"的含义，还得了解一个电视机高宽比的概念。过去的电视、显示器高宽比多是 4：3 的，现在液晶电视多是 16：9 的。

尺寸	规格
32寸	以 16:9 为比例计算，长约 69 厘米，宽约 39 厘米
37寸	以 16:9 为比例计算，长约 81.79 厘米，宽约 45.99 厘米
40寸	以 16:9 为比例计算，长约 88.48 厘米，宽约 49.77 厘米
47寸	以 16:9 为比例计算，长约 104 厘米，宽约 58.50 厘米
50寸	以 16:9 为比例计算，长约 110 厘米，宽约 62 厘米
55寸	以 16:9 为比例计算，长约 121.55 厘米，宽约 68.2 厘米

261 如何根据房间大小选择液晶电视的尺寸？

房间面积	可选尺寸
< 20m²	观看距离 3 米以内的直线距离，选择 25 ~ 29 寸的液晶电视
20~30m²	观看距离 3 米左右的直线距离，选择 29 ~ 34 寸的液晶电视
30~40m²	观看距离 4 米左右的直线距离，选择 35 ~ 43 寸的液晶电视
> 50m²	观看距离 4 米以上的直线距离，选择 43 寸以上的液晶电视

262 如何根据观看距离选择液晶电视？

①**电视机尺寸与观看距离间的关系：**一般来讲，电视机尺寸越大，所需要的观看距离也就越大，因此两者可以说是相互成正比的；同时，因为人的眼睛在不转动的情况下，视角是有限的，合理的观看距离即是要求人能够在不转动眼睛和头部的情况下，能够清楚地看到电视的每一个角度，所以一般建议观看距离是电视高度的 3 ~ 4 倍。

②**电视机的点距与观看距离的关系：**点距，顾名思义也就是电视机的屏幕像素之间的距离，与屏幕分辨率构成反比，与屏幕的大小构成正比；观看距离过近，而点距偏大的屏幕，会使画面明显网格化，并伴有闪烁，严重影响画面效果。因此，希望近距离观看的电视不单是要使用小屏幕电视，而且要注意选择点距最小的款式，在这方面，液晶电视具有明显的优势。

③**电视机的亮度与观看距离的关系：**每款电视机的亮度参数都有所不同，屏幕过亮会让眼睛产生刺痛的感觉，很容易让眼睛产生疲劳，过低的亮度会让眼睛过度地集中，也会产生视觉疲劳，所以对于电视机的亮度调节上也要多加注意。

④**最佳观赏距离计算公式：**最佳观赏距离（厘米）= 屏幕高度 ÷ 垂直分辨率 ×3400。根据这个公式就可以推算出家居中应该选择多大的电视机尺寸才能令自己感受到最佳的观看效果。

263 选购液晶电视需要注意哪些方面？

①**响应时间**。它会决定在显示高速动态画面时是否会出现模糊和拖尾现象。目前，主流的 8 毫秒响应时间基本可以满足使用要求。一般来说，反应时间越快，液晶电视就会越少出现拖尾、残影现象。

②**亮度、对比度**。可以忽略厂商提供的亮度和对比度参数，直接以自己的目测感受为主。方法为在 5 米以外的距离，查看屏幕显示亮度和对比度，注意一些黑暗场景中的细节表现，多做几款产品对比。

③**HDMI 接口**。是可以同时传输音频和视频信号的数字接口，它不但可以简化连接，减少连线负担，而且可以提供庞大的数字信号传输所需带宽。强调这一接口的重要性主要在于现在新的和未来的碟机、电脑、家庭影院等设备，都会积极采用这一接口，而应用这一接口来与这些设备连接，无疑可以获得最好的效果。

④**坏点**。就是亮点和暗点。在购买之前一定要仔细地观察屏幕，可以在白屏的时候寻找暗点，黑屏的时候寻找亮点。

也可以在全绿屏的时候找暗点，或在全蓝屏的时候找亮点，一旦有亮点或者暗点，非常容易就看出来了。另外，最好在付钱之前就坏点问题和商家达成协议，写进合同。

⑤**音质**。各个厂家在这方面都有自己的卖点，像 Surround 三维空间环绕声、SRS 虚拟环绕声、BBE 立体声音效、分频扬声器、DDAS 数字动态声谷、各式各样的音频解码芯片和引擎，可谓花样繁多。但是，这些东西除了部分专业人士和音乐发烧友

可以看懂之外，对普通的消费者并没有实际的意义。无论炒作得如何热闹，其实际效果基本是大同小异。所以听一听音质好坏最为关键。

⑥**遥控器。**在挑选时最容易被忽视。好遥控器回弹力强，入手给人很敦实的感觉，而差的遥控器通常显得很轻，其原因除了里面的元件做工实在以外，就是外壳采用的材质不同。遥控器上下外壳的结合紧密程度上，好的结合非常紧密，差的结合疏松。好的按键只要用适当的力度就可以按下，弹性好，回弹有力度。最后，还可以敲敲听声音，差的遥控器听起来里面像是空的，而好的遥控器由于做工实在，听起来像是实心的。

⑦**售后服务。**主要是看液晶屏幕的保修期。一般情况下，厂商都提供整机免费保修一年，其他部件免费保修三年的服务。需要壁挂使用的液晶电视机，建议要求厂商上门专业安装。按照国家新发布的平板电视机安装服务标准，大厂商应该都能提供上门安装服务。

264 壁挂电视的插座高度是多少？

一般情况下，壁挂电视的底面距离地面多在700~800毫米，加上电视的高度，插座高度宜为1000~1200毫米，这样电视就正好可以挡住插座，而且使用也方便一些。再从此高度的AV线至电视柜背面引一条直径50毫米的PVC管穿线使用。但有些壁挂电视背面是要用钢板固定的，如此一来，插座的高度就影响了电源线、AV线的装卸，这种情况下，可以把插座安装在距离台面100毫米的位置（插座底部与台面距离），装卸电源线、AV线就非常方便了。不过有利也有弊，这样引至壁挂电视的电源线、AV线等就暴露无遗了，略微有点煞风景。

265 空调按机型和调温状况可分为哪些种类？

分类	概述
机型	挂壁式空调、立柜式空调、窗式空调、吊顶式空调等
调温情况	单冷型（仅用于制冷，适用于夏季较暖或冬季供热充足地区）、冷暖型（具有制热、制冷功能，适用于夏季炎热、冬季寒冷地区）、电辅助加热型（电辅助加热功能一般只应用于大功率柜式空调，机身内增加了电辅助加热部件，确保冬季制热强劲。不过，在冬季供暖比较充足的北方地区似乎并无必要）

266 立柜式空调的特点是什么？

要调节大范围空间的气温，比如大客厅，立柜式空调最合适。在选择时应注意是否有负离子发送功能，因为这能清新空气，保证健康。而有的立柜式空调具有模式锁定功能，运行状况由机主掌握，对商业场所或家中有小孩的家庭会比较有用，可避免不必要的损害。另外，送风范围是否够远、够广也很重要。目前，立柜式空调送风的最远距离可达15米，再加上广角送风，可兼顾更大的面积。

267 窗式空调的特点是什么？

安装方便，价格便宜，适合小房间。在选择时要注意其静音设计，因为窗机通常较分体空调噪声大，所以选择接近分体空调的噪声标准的窗机好一些。现在，除了传统的窗式空调外，还有新颖的款式，比如专为孩子设计的彩色面板儿童机，带有语音提示，既活泼又实用安全，也是不错的选择。

268 吊顶式空调的特点是什么？

吊顶式空调机是对冷桥、漏风、漏水进行了特殊的处理，具有占用面积小，安装方式灵活，维修保养方便等优点，且四面广角送风，调温迅速，更不会影响室内装修。

269 客厅用立式空调好，还是风管机好？

①风管机空调的优缺点

优点	a. 价格低：风管机空调与一般的中央空调相比，造价低，性价比高 b. 美观大方：风管机空调是采用吊顶的形式，隐藏在内部，既美观时尚，也不会破坏整体的家装效果 c. 使用方便：风管机空调在维护方面很方便，适合大众消费
缺点	a. 安装麻烦：因为风管机要隐藏在吊顶内，所以在安装设计之前要做好充分准备 b. 要求颇高：风管机空调只有定频技术，相比于变频技术而言，较为不便，而且它采用一对一方式，要求外机的位置，所以也十分麻烦

②立式空调的优缺点

优点	a. 风量大：能满足大面积场所的制冷（热）需求 b. 外观漂亮：立式空调的款式很多，可以给家中带来一定的装饰效果
缺点	a. 占空间：立式空调体积大，很占用空间 b. 舒适度不高：立式空调送风量很大，但是如果正对着人体，会令人感觉不舒服，长期下去易得空调病 c. 能耗高：立式空调的功率大，其耗电量一般都很大，普通居民使用立式空调并不划算 d. 噪声大：立式空调运行时的噪声较大，一般不要放在卧室、书房里

270 1 匹、1.5 匹、2 匹和 3 匹的空调功率分别是多少？分别适用于多大的房间？

匹数	功率	适用房间面积
1P	800 ~ 950 瓦	12 平方米
1.5P	1100 ~ 1300 瓦	18 平方米
2P	1600 ~ 1950 瓦	28 平方米
3P	2500 ~ 2980 瓦	50 平方米

271 如何选购空调？

①**忌贪便宜。**俗话说"一分价钱一分货"，虽然这句话人人知晓，但是面对如此低价的诱惑，很多人还是会放弃自己的购买原则。在购买时一定要明确自己的需要，按需购买，而不是一味地追求便宜。

②**忌错误观念。**节能空调、定频空调、变频空调……千万别被这些名字忽悠到。节能空调在功能上更加简单易用，同时售价当然与定频相比有着很大的优势。而变频空调，除了更节能、舒适智能化以外，产品的价格也当然会比较高。最好根据需要来选择。

③**忌马虎。**人们在选购时，可能简单询问之后，觉得价格合适，空调看着也不错就下手购买了，其实，在选购前一定要明白需要使用空调的具体室内面积，这样才能根据房间大小，来判断自己是适合多大功率的空调。

272 中央空调该如何选购？

①**选系统。**先综合考虑房屋的朝向、玻璃面积、层高、用途等，以此计算出每个房间所需的冷量：所需冷量 = 实际使用面积 × 单位面积制冷量。然后，根据所需冷量总和来选择适合的空调系统，还要考虑有无三相电、所放外机位置的大小。

家用单位面积制冷量通常为 150~200 瓦 / 平方米，但是，如果房间朝西、楼层较高，或有大面积玻璃墙，可适当提高到 200~260 瓦 / 平方米。

②**室内机与风口。**根据实际所需冷量决定型号，每个房间只需一台室内机或风口，如果客厅的面积较大，或呈长方形、L 形等，可以多加一台室内机或增加出风口。

③**美观度。**中央空调的安装一般是在室内装潢设计确定之后再设计的，因此，在选择安装中央空调的时候也要考虑到空调的布局位置与室内装饰设计效果的搭配效果。

④**选择价格。**家用中央空调的价格在 300~800 元 / 平方米；定频空调一般在 200~300 元 / 平方米；变频空调一般在 300~400 元 / 平方米（国内品牌）、500~800 元 / 平方米（国际品牌）。

⑤**选择服务。**选择大品牌中央空调及实力较强的服务商，才能保证真正享受到具有舒适品质的中央空调，包括安装、售后服务等。

273 挂式空调该如何清洗？

①先把空调上面的尘土用布擦干净，在布上面可以洒点水，不要撒得太多，帮助擦拭灰尘。空调的角落和通风孔和导风板等处不易清理的地方可以用小型的吸尘器来进行清理。

②空调的外罩清理干净以后，就要把前面的盖子打开，前盖的里面会有灰尘附着，取下前盖可以用湿布擦洗干净再风干。

③前盖清洗干净以后就该清洗滤网了。滤网上面灰尘如果不太多，把滤网取下来用清水直接清洗干净即可，如果灰尘较多，就要在水里添加洗涤剂清洗，然后用清水冲洗干净。

④滤网清洗干净后，再清洗空调的散热片，要用专门清洗空调的空调清洗剂清洗，将清洗剂均匀地喷在空调的散热片上面，半个小时左右，清洗剂会把散热片上面的灰尘污垢溶解，然后再打开空调制冷，运行大概半个小时左右会发现，空调室外的出水管里面有脏水流出，这就是空调散热片上面的污垢被清洗下来了。

⑤室内机一般可以自己清洗，但是室外机自己就不易清洗了。有的室外机悬挂得很高，不仅危险，而且不宜清理。清洗室外机要找专业的清洗空调的人员来帮忙清洗。

274 滚筒洗衣机和波轮洗衣机哪种好？

①滚筒洗衣机的优缺点

优点	智能、方便、功能多、用水量小、洗涤彻底、可嵌入式放置、对衣物的磨损小
缺点	耗电量大、洗衣耗时长、噪声大、洗衣机本身易磨损、洗涤力小、价格略高

②波轮洗衣机的优缺点

优点	耐用、省电、体积小、洗涤力大、价格便宜
缺点	清洁度稍差、智能性差、对衣物的磨损大

看了上面的波轮洗衣机和滚筒洗衣机的优缺点，或许还是定不下来。其实，如何取舍主要还是要看自己的生活习惯、使用条件和需求，具体来说就是：多长时间洗一次衣服、哪种材质的衣服比较多、预算是多少、洗衣机可以放在哪里、对噪声会不会很敏感、对洗衣服的时长有没有要求等等。对照自己的需求，定能做出正确的适合自己的判断。

275 滚筒洗衣机的尺寸是多少？

滚筒洗衣机的尺寸有很多种，不同容量、不同大小的滚筒洗衣机尺寸是不一样的。

容量	尺寸
2.1~4.5 千克	600 × 550 × 600（毫米）
5.6 ~ 7 千克	840 × 595 × 600（毫米）
4.6 ~ 5.5 千克	596 × 600 × 900（毫米）
7 千克	850 × 600 × 600（毫米）

276 洗衣机放在厨房中好吗？

　　国外很多家庭的洗衣机都是放在厨房中，现在国内不少整体橱柜已经给洗衣机留了一席之地，因此，如果是滚动式等侧开门的洗衣机放在厨房完全没有问题。如果再加上一道柜门，有了橱柜的全面庇护，基本也不用考虑油烟污染的问题。不过，老式的上开式洗衣机，因为需要较大的上部空间，不太好嵌入橱柜中，多数还是放在卫浴或者阳台。

277 单门电冰箱、双门电冰箱、三门电冰箱、四门电冰箱的特点分别是什么？

分类	概述
单门电冰箱	冷藏室和冷冻室合在只有一扇门的箱体内的电冰箱称单门电冰箱。它以冷藏和保鲜为主，具有结构简单、方便使用、耗电较少、价格较低的优点
双门电冰箱	冷藏室和冷冻室分隔开，具有两扇箱门，一般上面的小门内是冷藏室，下面的大门内是冷冻室，双门电冰箱的结构比单门电冰箱复杂，用料多，价格较贵
三门电冰箱	在上下双门电冰箱的基础上，下面增设一个果蔬室，并对外单独开门后，就成了三门电冰箱。三门电冰箱容积比较大，多在 200 升以上，有 3 个不同的温区，适用于冷冻、冷藏及果蔬贮藏
四门电冰箱	四门电冰箱是在三门电冰箱的基础上，在冷藏室和果蔬室之间增加了一个独立的、温度在 0～1℃、能贮藏新鲜鱼肉的轻度冷冻室（也称保鲜室）而构成的。四门电冰箱有 4 个温区，适用于冷冻、冷藏、保鲜及果蔬贮藏

双门电冰箱

四门电冰箱

278 对开门冰箱的尺寸是多少？

对开门冰箱的容量比较大，外观看上去也比较大气，因此现在越来越多的品牌主攻对开门的冰箱。对开门冰箱的尺寸大致有以下 3 种。

总容积	冷冻室容积	外部尺寸
> 301 升	>100 升	730×910×1780（毫米）
> 301 升	80～100 升	920×820×1800（毫米）
约600 升	约100 升	1770×920×740（毫米）

279 立式电冰箱、卧式电冰箱、台式电冰箱的特点分别是什么？

分类	概述
立式电冰箱	它在高度方向上尺寸最大，箱门设在冰箱正前方，占地面积小
卧式电冰箱	它的长度方向上尺寸最大，箱门大多设在箱顶部。冷冻箱常用卧式的，向上开箱门，可以使漏泄热量减少。但占地面积较大，存取物品不太方便
台式电冰箱	它的高度为 750～850 毫米，宽度为 900～1000 毫米，深度为 450～500 毫米。多为冷藏箱，适宜存放冷饮和瓜果

280 抽油烟机的特点及用途是什么?

抽油烟机又称吸油烟机,是一种净化厨房环境的厨房电器。它安装在厨房炉灶上方,能将炉灶燃烧的废物和烹饪过程中产生的对人体有害的油烟迅速抽走,排出室外,减少污染,净化空气,并有防毒、防爆的安全保障作用。

281 什么是薄型机抽油烟机? 特点是什么?

薄型机抽油烟机的油烟抽净率在 40% 左右。其重量轻、体积小、易悬挂,但其薄型的设计和较低的电机功率,使相当一部分烹饪油烟不能被吸入抽吸范围,排烟率明显低于深型机抽油烟机和柜式机抽油烟机。

282 什么是深型机抽油烟机? 特点是什么?

深型机抽油烟机的外形流畅美观,排烟率高,已成为业主购买油烟机时的首选机型,其油烟抽净率为 50% ~ 60%。深型抽油烟机的外罩能最大范围地抽吸烹饪油烟,便于安装功率强劲的电机,这使得油烟机的排烟率大大提高。但深型抽油烟机由于体积较大、较重,悬挂时要求厨房墙体具有一定厚度和稳固性。

283 什么是柜式机抽油烟机？特点是什么？

柜式机抽油烟机由排烟柜和专用油烟机组成，油烟柜呈锥形，当风机开动后，柜内形成负压区，外部空气向内部补充，排烟柜前面的开口就形成一个进风口，油烟及其他废气无法逃出，可确保油烟和氮氧化物的抽净率，其油烟抽净率大于95%。柜式抽油烟机吸烟率高，不用悬挂，不存在钻孔、安装的问题。但是，由于左右挡板的限制，使操作者在烹饪时有些局限和不便。

284 中式抽油烟机的特点是什么？

中式抽油烟机主要分为浅吸式和深吸式。浅吸式是目前主要淘汰的对象，属于普通排气扇，就是直接把油烟排到室外。而深吸式烟机主要的问题是占用空间，噪声大，容易碰头，滴油，油烟抽不干净，使用寿命短，清洗不方便，对环境污染大。

285 欧式抽油烟机的特点是什么？

欧式抽油烟机利用多层油网过滤（5～7层），增加电机功率以达到最佳效果，一般功率都在200瓦以上。其特点是外观漂亮，但价格较贵，适合高端用户群体，多为平网型过滤油网，吊挂式安装结构。

286 侧吸式抽油烟机的特点是什么？

侧吸式抽油烟机是近几年开发的产品，改变了传统设计和抽油烟方式，烹饪时从侧面将产生的油烟吸走，基本达到了清除油烟的效果。而侧吸式抽油烟机中的专利产品——油烟分离板，彻底解决了中式烹调猛火炒菜油烟难清除的难题。这种抽油烟机由于采用了侧面进风及油烟分离的技术，使得油烟吸净率高达 99%，油烟净化率高达 90% 左右，成为真正符合中国家庭烹饪习惯的抽油烟机。

287 抽油烟机的排风量指的是什么？

排风量是指静压为零时吸油烟机单位时间的排风量。国家规定该指标值应大于等于 7 立方米/分钟。一般来说，风量值越大，越能快速及时地将厨房里大量的油烟吸排干净。在其他指标都良好的情况下，应尽可能挑选风量值较大的油烟机。

288 抽油烟机的风压指的是什么？

风压是指抽油烟机风量为 7 立方米 / 分钟的静压值，国家规定该指标值应大于等于 80 帕斯卡。风压也是衡量油烟机使用性能的一个重要指标。风压值越大，抽油烟机抗倒风能力越强。如果排烟管较长或接到公共烟道中，则排烟压力损失很大，这样就需要更大的风压，才能保证将烟气排出。所以，在其他指标都良好的情况下，风压值越大越好。

289 抽油烟机的噪声标准是多少？

噪声也是衡量抽油烟机性能的一个重要技术指标。它是指抽油烟机在额定电压、额定频率下，以最高转速档运转，按规定方法测得的 A 声功率级。国家规定该指标值应小于 68 分贝。

290 抽油烟机的电机输入功率是多少？

抽油烟机的型号一般规定为"CXW-□-□"，其中，"□"中的数字表示的就是主电机输入功率。抽油烟机的输入功率并非越大越好，因为提升功率是为了提升风量和风压，若风量、风压得不到提高，增大功率也没用。另外，功率越大，可能噪声也越大，越费电。

291 如何选购抽油烟机？

选购抽油烟机时要考虑到安全性、噪声、风量、主电机功率、类型、外观、占用空间、操作方便性、售价及售后服务等问题。一般来讲，通过长城认证的抽油烟机，其安全性更可靠，质量更有保证。在噪声方面，国家标准规定抽油烟机的噪声不超过 65 ~ 68 分贝。选购抽油烟机的另一要素是抽排效率。只有保持高于 80 帕斯卡的风压，才能形成一定距离的气流循环。风压大小取决于叶轮的结构设计，一般抽油烟机的叶轮多采用涡流喷射式。一些小厂家为了降低成本，将风机的涡轮扇页改成塑料的。在厨房这样的环境中，塑料涡轮扇页容易老化变形，也不便清洗，所以业主应尽可能选购金属涡轮扇页的抽油烟机。

292 微波炉的尺寸一般是多少？

微波炉尺寸的大小与品质没有必然的联系，并不是容量越大，微波炉就越好。相对而言，23 升是最常见的微波炉容量，比较适合大众家庭。一般来说，微波炉的尺寸和微波炉的容量成正比，一般的微波炉容量在 20 ~ 32 升左右，所以尺寸也各有不同。

常见微波炉容量与尺寸（毫米）	
18 升容量的微波炉尺寸	290 × 290 × 149
20 升容量的微波炉尺寸	282 × 482 × 368
21 升容量的微波炉尺寸	461 × 361 × 289
23 升容量的微波炉尺寸	305 × 508 × 435
25 升容量的微波炉尺寸	320 × 510 × 455
27 升容量的微波炉尺寸	320 × 523 × 505
30 升容量的微波炉尺寸	552 × 344 × 495
32 升容量的微波炉尺寸	301 × 518 × 404

293 热水器的特点及用途是什么？

热水器就是指通过各种物理原理，在一定时间内使冷水温度升高变成热水的一种装置。使用热水器最大的好处就是在现代快节奏的生活中，经过一天劳累工作，回家能舒舒服服洗个热水澡。

294 热水器有哪些分类？

目前，市场上所销售的热水器可分为四大类：燃气热水器、电热水器、空气能热水器和太阳能热水器。其中，燃气热水器又分为人工煤气热水器、天然气热水器和液化石油气热水器；电热水器又分为贮水式电热水器和即热式电热水器。

295 燃气热水器的特点是什么？

燃气热水器的优点是价格低、加热快、出水量大、温度稳定；缺点是必须分室安装，不易调温，需定期除垢，在使用中易产生有害气体。其所使用的能源是可燃气体，分直排式、烟道式、强排式和平衡式。直排式热水器在使用时如果通风不畅，极易造成人身伤害，故已被国家明令禁止生产和使用。

296 贮水式电热水器的特点是什么？

贮水式电热水器的关键是看内胆。内胆的材料与厚度、焊接工艺决定其寿命。不锈钢内胆虽然耐腐蚀，但难焊接，寿命短（一般为 2 年），目前基本被淘汰；搪瓷内胆和钛金内胆技术含量较高，被专业热水器厂家普遍采用。

297 即热式电热水器的特点是什么？

即热式电热水器的优点是方便、省时、不占空间、安全、最大限度地减少了热损耗；缺点是价格贵，对电表、电线的要求较高，其功率最低 4.5 千瓦，一般在 8 ~ 9 千瓦左右，电力消耗巨大。最低配置需要有至少 30 安的电表、4 平方毫米截面的铜线。

298 电热水器的特点是什么？

电热水器的优点是干净、卫生，不必分室安装，不会产生有害气体，调温方便。高档产品还有到达设定温度后自动断电、自动补温等功能，最新型的还内置了阳极镁棒除垢装置。多数产品由于采取了过压、过热、漏电三重保护装置，在使用中更为安全。

299 太阳能热水器的特点是什么？

太阳能热水器是靠汇聚太阳光的能量把冷水加热成热水的装置。其中，技术水平最高的是真空集热管太阳能热水器。真空管里的水，利用热水上浮、冷水下沉的原理，吸收太阳热能后，通过温差循环，使储水箱内的水升温。其不足之处是受外部环境影响较大，直接受白天黑夜、季节、气候、地理环境、地域位置的影响。但和其他两种热水器相比，太阳能热水器是最经济实惠的。

300 空气能热水器的特点是什么？

空气能热水器，又称热泵热水器，也称空气源热水器，是采用制冷原理从空气中吸收热量来制造热水的"热量搬运"装置。通过让介质不断完成"蒸发（吸取环境中的热量）→压缩→冷凝（放出热量）→节流→再蒸发"的热力循环过程，从而将环境里的热量转移到水中。

空气能热水器主要向空气索取热能，具有太阳能热水器节能、环保、安全的优点，又解决了太阳能热水器依靠阳光采热和安装不便的问题。由于空气能热水器通过介质交换热量进行加热，所以不需要电加热元件与水接触，没有电热水器漏电的危险，也消除了燃气热水器中毒和爆炸的隐患，更没有燃油热水器排放废气造成的空气污染。

301 如何选购热水器？

由于装修时电路、水路的设计需要为热水器预留空间，因此热水器的种类、大小、安装位置、管路方向等最好提前确定。不同类别、不同规格的热水器性能也有所不同。目前，安全、环保、节能、方便等是业主选择热水器的主要因素。所以选购热水器不能只看品牌，还应根据居室面积、家庭人口及实际生活需要而定。

第八章 花卉绿植

花卉是一种用来观赏的植物，具有繁殖功能的变态短枝，有许多种类。绿植为绿色观叶植物的简称，因其耐阴性能强，可作为室内观赏植物在室内种植养护。常见的绿植有：绿萝、巴西木、发财树、散尾葵、吊兰等。

302 什么是装饰花艺？如何在家居中运用？

装饰花艺是指将剪切下来的植物的枝、叶、花、果作为素材，经过一定的技术（修剪、整枝、弯曲等）和艺术加工（构思、造型、配色等），重新配置成一件精致完美、富有诗情画意、能再现自然美和生活美的花卉艺术品。

花艺设计不仅仅是单纯的各种花卉组合，而是一种传神、形色兼备、以情动人、融生活和艺术为一体的艺术创作活动。花艺设计包含了雕塑、绘画等造型艺术的所有基本特征。因此，花艺设计中的质感变化，是影响整个花艺设计的重要元素。一致的质感能够创造出协调、舒适的效果。想要通过质感的对比塑造出装饰设计中的亮点，需要充分地了解自然，毕竟花艺的基础是来自于大自然中的花草。

303 什么是东方插花？特点是什么？

东方式插花是以中国和日本为代表的插花。与西方插花的追求几何造型不同，东方的花艺花枝少，着重表现自然姿态美，多采用浅、淡色彩，以优雅见长。其造型多运用青枝、绿叶来勾线、衬托。形式上追求线条、构图的变化，以简洁清新为主，讲求浑然天成的视觉效果。用色朴素大方，一般只用2～3种花色，色彩上多用对比色，特别是花色与容器的对比，同时也采用协调色。

304 家居中的花艺作品在色彩上怎样设计?

插花的用色,不仅是对自然的写实,而且是对自然景色的夸张升华。插花使用的色彩要能够表达出插花人所要表现出的情趣,或鲜艳华美,或清淡素雅。同时,插花色彩要耐看。远看时进入视觉的是插花的总体色调。总体色调不突出,画面效果就弱,作品容易出现杂乱感,而且缺乏特色。近看插花时,要求色彩所表现出的内容个性突出,主次分明。

插花色彩的配置,具体可以从三个方面入手,即花卉与花卉之间的色彩关系,花卉与容器之间的色彩关系以及插花与环境、季节之间的色彩关系。正确掌握这三方面的关系,插花配色就能够得心应手。

305 花卉与花卉之间的色彩该怎样进行调配?

①**配合在一起的颜色能够协调。**两者之间可以用多种颜色来搭配，也可以用单种颜色，要求配合在一起的颜色能够协调。例如，用腊梅花与象牙红两种花材合插，一个满枝金黄，另一个鲜红如血，色彩协调，以红花为主，黄花为辅，远远望去红花如火如荼，黄花星光点点，通过花枝向外辐射。插花中的青枝绿叶起着很重要的辅佐作用。枝叶有各种形态，又有各种色彩，如果运用得体，能收到良好的效果。如选用展着绿叶的水杉枝，勾勒出插花造型的轮廓，再插入几支粉红色的菖兰或深红色的月季，颜色并不华丽，却显得素雅大方。

②**应注意色彩的重量感和体量感。**色彩的重量感主要取决于明度，明度高者显得轻，明度低者显得重。正确运用色彩的重量感，可使色彩关系平衡和稳定。例如，在插花的上部用轻色，下部用重色，或者是体积小的花体用重色，体积大的花体用轻色。

③**色彩的体量感与明度和色相有关。**明度越高，膨胀感越强；明度越低，收缩感越强。暖色具有膨胀感，冷色则有收缩感。在插花色彩设计中，可以利用色彩的这一性质，在造型过大的部分适当采用收缩色，过小的部分适当采用膨胀色。

306 花卉与容器的色彩该怎样进行搭配?

两者之间要求协调，但并不要求一致，主要从两个方面进行配合：采用对比色组合或者调和色组合。对比配色有明度对比、色相对比、冷暖对比等。运用调和色来处理花与器皿的关系，能使人产生轻松、舒适感。方法是采用色相相同而深浅不同的颜色处理花与器的色彩关系，也可采用同类色和近似色。

307 插花的色彩怎样根据环境的色彩来配置？

①**插花色彩根据室内环境来配置。** 如，在白底蓝纹的花瓶里，插入粉红色的二乔玉兰花，摆设在传统形式的红木家具上，古色古香，民族气氛浓郁。在环境色较深的情况下，插花色彩以选择淡雅为宜；环境色简洁明亮的，插花色彩可以用得浓郁鲜艳一些。

②**插花色彩还要根据季节变化来运用。** 春天里百花盛开，此时插花宜选择色彩鲜艳的材料，给人以轻松活泼、生机盎然的感受。夏天，可以选用一些冷色调的花，给人以清凉之感。到了秋天，满目红彤彤的果实，遍野金灿灿的稻谷，此时插花可选用红、黄等明艳的花作主景，与黄金季节相吻合，给人留下兴旺的遐想。冬天的来临，伴随着寒风与冰霜，这时插花应该以暖色调为主，插上色彩浓郁的花卉，给人以迎风破雪的勃勃生机之感。

308 花艺的色彩该怎样进行调和？

色彩调和是插花艺术构图的重要原则之一。色彩调和与否是插花作品给人的第一印象，也是插花创作成功与否的关键。因此，必须重视插花中色彩的作用。

花艺设计中的色彩调和就是要缓冲花材之间色彩的对立矛盾，在不同中求相同，通过不同色彩花材的相互配置，相邻花材的色彩能够和谐地联系起来，互相辉映，使插花作品成为一个整体而产生一种共同的色感。在同一插花体中，要以一种色彩为主，将几种色彩统一起来形成一种总体色调。插花中所追求的色彩调和就是要使这种总体色调自然而和谐，给人以舒适的感觉。

在同一插花体中，若只使用一种色彩的花材，色彩较容易处理，只要用相宜的绿色材料相衬托即可。因为绿色可以和任何颜色的花材取得协调感。但是，若使用几种花材，涉及两三种花色时，则须对各色花材审慎处理，合理配置，才能充分发挥色彩效果，提高插花作品的艺术性。

309 客厅花艺该如何进行设计?

客厅是节日家庭布置的重点区域。不要选择太复杂的材料,花材持久性要高一点,不要太脆弱。客厅的茶几、边桌、角几、电视柜、壁炉等地方都可以用花艺做装饰,在一些大物体的角落,如壁炉、沙发背几后也可以摆放。需要注意的是,客厅茶几上的花艺不宜太高。

可选花材有红色香石竹、红色月季、牡丹、红梅、红色非洲菊、百合、郁金香、玫瑰、红掌、兰花等。色彩以红色、酒红色、香槟色等为佳,尽可能用单一色系,味道以淡香或无香为佳。节日时可选用节日主题花材,烘托节日气氛。如需要,可用绿色造型的叶子当背景花材,适度使用与节日相关的装饰品,用缎带、包装纸、仿真花串、蜡烛等做陪衬装饰配件。

310 餐厅花艺该如何进行设计?

对比客厅而言,餐厅花艺设计的华丽感更重,凝聚力更强。轻松的宴会,可将单朵或多朵的花插在同样的花瓶中,多组延伸,根据人数多少,对花瓶有弹性地增减。正式的宴会,可在餐盘上放一朵胸花,作为给客人的礼物,花的底部可以衬锡箔纸。餐桌上可以洒一些花瓣、玻璃珠,点缀气氛。餐桌的花器要选用能将花材包裹的器皿,以防花瓣掉落,影响到用餐的卫生。餐桌上的花艺高度不宜过高,不要超过对坐人的视线。圆形的餐桌可以放在正中央,长方形的餐桌可以水平方向摆放。

311 书房花艺该如何进行设计?

书房是学习研究的场所，需要创造一种宁静幽雅的环境。因此，在小巧的花瓶中插置一两枝色淡形雅的花枝，或者单插几枚叶片、几枝野草，倍感幽雅别致。风铃草、霞草、桔梗、龙胆花、狗尾草、荷兰菊、紫苑、水仙花、小菊等花材均宜采用。

312 卧室花艺该如何进行设计?

卧室摆设的插花应有助于创造一种轻松的气氛，以便帮助人们尽快消除一天的疲劳。插花的花材色彩不宜刺激性过强，宜选用色调柔和的淡雅花材。

313 如何利用干花来装点家居环境?

除了插在花瓶里，还可以把干花花瓣随意地摆放在大小各异的碟子上，带来满室花香。同时，还可以做成花环、花棒、花饰等。可以毫不夸张地讲，鲜花所能达到的艺术造型，干花都可以代替完成，甚至创造出更为奇特的效果。

314 干花的种类有哪些?

干花的品种有很多，草型、叶型、果型，应有尽有，大可以根据自己的喜好进行选择。主花一般是大花或果实，衬托花一般是枝叶、草或小碎花。小麦、稻谷、高粱等粮食果穗，经过脱水染色处理，风采卓然，最富有田园气息，在最大限度上满足了都市家庭审美的需求，用其装饰居室，别具神韵。

315 干花该如何选购？

选干花时应挑那些色彩清晰、花茎粗壮、花型饱满者。因为干花在贮存中容易出现发霉现象，所以买花时应注意闻一下是否有霉味。

316 家居中，植物占多大的比例合适？

一般来说，居室内绿化面积最多不超过居室面积的 10%，这样室内才有一种扩大感，否则会使人觉得压抑。一般来讲，植物的高度不宜超过 2.3 米。

317 不同朝向的居室，植物的选择也要不一样吗？

分类	概述
朝南居室	如果居室南窗每天能接受 5 小时以上的光照，那么下列花卉能生长良好、开花繁茂：君子兰、百子莲、金莲花、栀子花、茶花、牵牛花、天竺葵、杜鹃花、鹤望兰、茉莉、米兰、月季、郁金香、水仙、风信子、小苍兰、冬珊瑚等
朝东、朝西居室	仙客来、文竹、天门冬、秋海棠、吊兰、花叶芋、金边六雪、蟹爪兰、仙人棒类等
朝北居室	棕竹、常春藤、龟背竹、豆瓣绿、广东万年青、蕨类等

318 植物与空间的颜色怎么搭配才协调？

　　植物的色调质感也应注意和室内色调搭配。如果环境色调浓重，则植物色调应浅淡些。如南方常见的万年青，叶面绿白相间，在浓重的背景下显得非常柔和。如果环境色调淡雅，植物的选择性相对就广泛一些，叶色深绿、叶形硕大和小巧玲珑、色调柔和的都可兼用。

319 室内除甲醛的植物高手有哪些？

　　①绿萝。绿萝是吸收甲醛的好手，而且具有很高的观赏价值。其蔓茎自然下垂，既能净化空气，又能充分利用空间，为呆板的柜面增加活泼的线条、明快的色彩。

　　②鸭跖草。不仅是吸收甲醛的好手，而且是良好的室内观叶植物，可布置窗台几架，也可放于荫蔽处。同时，植株可入药，具有清热泻火、解毒的功效，还可用于咽喉肿痛、毒蛇咬伤等的治疗。

　　③芦荟。芦荟是天然的清道夫，可以清除空气中的有害物质。有研究表明，芦荟可以吸收1立方米空气中所含的90%的甲醛。

　　④龙舌兰。龙舌兰也是吸收甲醛的好手。此外，还可用于酿酒，用其配制的龙舌兰酒非常有名。

　　⑤扶郎花（又名非洲菊）。这种植物不仅是吸收甲醛的好手，而且具有很强的观赏性。菊花能分解两种有害物质——存在于地毯、绝缘材料、胶合板中的甲醛和隐匿于壁纸中对肾脏有害的二甲苯。

　　⑥吊兰和虎尾兰。可吸收室内80%以上的有害气体，吸收甲醛的能力超强。

320 橡皮树有毒吗？室内种橡皮树对健康好吗？

橡皮树观赏价值较高，是著名的盆栽观叶植物，非常适合室内美化布置。中小型的植株常用来美化客厅、书房；植株较大的适合布置在门厅两侧，显得雄伟壮观，适合作为别墅的装饰绿植。另外，橡皮树具有独特的净化粉尘功能，也可以净化挥发性有机物中的甲醛。橡皮树还可以吸收空气中的一氧化碳、二氧化碳、氟化氢，净化空气功能相当不错。

321 客厅里摆放什么植物比较好？

客厅是全家人常活动的地方，也是亲朋好友聚会的地方。可以选择摆放一些果实类的植物或招财类的植物，代表着家中硕果累累和财运滚滚，给客厅带来热烈的气息，还可以给全家增加吉祥好运。植物高低和大小要与客厅的大小成正比。位置让人一进客厅就能看到，不可隐藏。如有脱落、发蔫、腐烂等情况，应及时更换。

客厅中适宜栽种的植物有富贵竹、蓬莱松、仙人掌、罗汉松、七叶莲、棕竹、发财树、君子兰、球兰、兰花、仙客来、柑橘、巢蕨、龙血树等。这些植物寓意吉祥如意，聚福发财。

322 | 阴暗的客厅放什么植物适合？

客厅光线不好，应尽量培养一些对光线要求不高的花卉，如蕨类植物、虎耳草、绿萝、凤梨等。尽量不要布置一些对光照要求高的花卉植物。如需布置，应定期搬至光照适合处培养一段时间后，再布置于室内。

323 | 餐厅里摆放什么植物比较好？

餐厅环境首先应考虑清洁卫生，植物也应以清洁、无异味的品种为主。适合摆些与餐桌环境相协调的植物，吃饭时会别具情趣。

餐厅植物可选取黄玫瑰、黄康乃馨、黄素馨等橘黄色花卉。因为橘黄色可增加食欲，促进身体健康。

324 | 卧室适合摆放什么植物？

卧室是供人睡觉、休息的房间。卧室的布局直接影响一个家庭的幸福、夫妻的和睦、身体健康等诸多元素。好的卧室格局不仅要考虑物品的摆放、方位，整体安排以及舒适性也都是不可忽视的环节。卧室可适当摆放一些植物，增加一下空间的生机，也可净化空气。卧室植物不宜太大和太多，应选择让人感觉温馨的植物。

卧室宜栽种的植物有仙人掌、仙人球、吊兰、玫瑰、晚香玉、并蒂莲等。这些植物有使人宁静、安详、温和的效果。在卧室内栽种这些植物，可提高睡眠质量。

325 哪些植物不能放在卧室里面？

种类	概述
月季花	它所发散出的香味，会使个别人闻后突然感到胸闷不适、憋气与呼吸困难
夜来香	它在晚上能大量散发出强烈刺激嗅觉的微粒，高血压和心脏病患者容易感到头晕目眩，郁闷不适，甚至会使病情加重
郁金香	它的花朵含有一种毒碱，如果与它接触过久，会加快毛发脱落
松柏类	这类花木所散发出来的芳香气味对人体的肠胃有刺激作用，如闻之过久，不仅会影响人们的食欲，而且会使孕妇感到心烦意乱，恶心欲吐，头晕目眩
黄花杜鹃	它的花朵散发出一种毒素，一旦误食，轻者会引起中毒，重者会引起休克，严重危害身体健康

326 文竹能放在卧室中吗？

卧室的绿化装饰要突出雅静幽香的特点，植物配置要以放松心情、解除疲劳、松弛神经为目的。装饰植物不宜过多，色彩不宜过浓，选用色彩柔和、姿态秀美的植物适量点缀，就能起到"画龙点睛"的作用。所以，用文竹装饰卧室是非常适合的。除了文竹，一些小巧、叶色淡绿的观叶植物，如吊兰、肾蕨等，都具有柔软的感觉，令人心情舒畅，便于松弛神经、进入梦乡。

327 百合花能放在卧室中吗?

百合虽美，但却不太适合放在卧室。百合花的香气固然淡雅，但因其花香中含有一种特殊的兴奋剂，久闻后如同饮酒，会令人过度兴奋，神思不宁，甚至夜不能眠。另外，百合花香味浓，花粉粒大而多，有些人可能还会对其过敏。

328 吊兰能放在卧室中吗?

吊兰是完全可以放在卧室里的。不过，最好白天放，晚上拿出来。因为吊兰有着良好的吸收有害气体、净化室内空气的作用，但晚上还是会放出二氧化碳气体的，不过相对于整体空间来说，影响较小。

贺小侠 支招

吊兰养殖容易，适应性强，是最为传统的居室垂挂植物之一，也是植物中的"甲醛去除之王"。一般如果在房间里养1~2盆吊兰，空气中的有毒气体就可以完全被吸收了。

329 兰花能放在卧室中吗?

兰花在温度、湿度稍高时，容易滋生病菌，而卧室的温度与湿度都不适合摆放兰花。而且兰花香气过浓，放在卧室容易使人兴奋，让神经中枢过度活跃，因此会引起失眠甚至头晕等症状。

330 马蹄莲能放在卧室中吗？

马蹄莲的花内含有大量草酸钙结晶和生物碱，误食后会引起昏迷中毒的症状，但放在室内不会发出毒气。不过，建议放在小孩够不到的地方，以免其误食。

331 绿萝养在卧室内有毒吗？

绿萝能清洁空气，又好养护，还很漂亮，几乎成了各家各户的标配装饰绿植。绿萝适合摆放在卧室的窗台、书架上，不仅美化环境，看着也很舒服。绿萝的汁液虽有微量有毒成分，但是，这种毒性几乎可以忽略不计。

332 哪些植物适合放在儿童房里？

儿童房绿化要特别注意安全性，以小型观叶植物为主，并可根据儿童好奇心强的特点，选择一些有趣的植物，如三色堇、蒲苞花、变叶木等，再配上有一定动物造型的容器，既利于儿童思维能力的启迪，又可使环境增添欢乐的气氛。

333 新婚房适合养什么植物？

种类	概述
百合	百合花素有"云裳仙子"之称，其鳞茎由鳞片抱合而成，有"百年好合""百事合意"之意。中国人自古视其为婚礼必不可少的吉祥花卉。其中，白百合象征百年好合、持久的爱，粉百合象征清纯、高雅，这两种颜色的百合都十分适合装饰婚房。但由于百合花香太浓，建议放在客厅
勿忘我	勿忘我这个花名颇为浪漫，而关于它的传说，更确定其"花中情种"的地位。相传，古欧洲的一位骑士，付出了生命的代价为心爱的女友采来一束花，这花就是勿忘我。因此，勿忘我的寓意是"请不要忘记我真诚的爱"或代表"请想念我，忠贞的希望一切都还没有晚，我会再次归来给你幸福"。在婚房中，勿忘我可以选择放置在餐桌上，令家中充满浪漫的情调
玫瑰	可以说在世界范围内，玫瑰是用来表达爱情的通用语言。玫瑰代表爱情，但不同颜色、朵数的玫瑰还另有吉意。在婚房中，玫瑰花通常放在卧室里。可以在花店定做一个99朵的花篮，花篮的中间最好用白色的满天星来点缀。99朵玫瑰象征新人的爱情天长地久，而满天星则象征祝福满天。从颜色上来说，红色的玫瑰烘托出热烈的氛围，而白色的玫瑰给人浪漫的美妙感觉
情人草	情人草整个花枝远看如雾状，有一种朦胧美，特别受到当下年轻人的喜爱。情人草暗含的爱情密语诉说出了情人之间无法诉说出的话语。养殖一盆情人草作为两人之间的爱情象征，放置在婚房中，无疑是一件美好的事情

334 老人房中适合摆放哪些植物？

老年人居室要求清静简洁，阳光充足，空气清新，以利老年人的养生保健。因此，所用花卉的色调宜清新淡雅。最好选用管理简便、较耐干旱、四季常青的绿色植物，益于老年人消除视力疲劳、明目清心。例如，可以摆放1～2盆小型龟背竹、小型苏铁、五针松、罗汉松、万年青、虎尾兰等花木。这些花卉有的郁郁葱葱，有的坚挺翠绿，且终年不衰，象征老人长生不老。另外，若在桌上摆放一个用玻璃容器培养的水生植物，既晶莹清澈，又使人随时观赏到水生绿色植物生根、发芽、开花的微妙自然景象，则愉悦之情会油然而生。

335 哪些植物适合放在书房里？

摆放植物装点书房，要根据书房和家具的形状、大小来选择。如书房较狭窄，就不宜选体积过大的品种，以免产生拥挤压抑的感觉。在适当的地方放一些小巧的植物，起到点缀装饰效果，为书房平添一分清雅祥和的气氛，学习起来比较轻松，心情好，效率高。

书房中可以选用山竹花、文竹、富贵竹、常青藤等植物。这些植物可提高人的思维反应能力，对学生或从事脑力劳动的人有助益。在书桌上，也可以放盆叶草菖蒲，它有凝神通窍、防止失眠的作用。

336 植物能放在厨房中吗？

首先，厨房温湿度变化较大，因此应选择一些适应性强的小型盆花。具体来说，可选用小杜鹃、小松树或小型龙血树、蕨类植物，放置在食物柜的上面或窗边；也可以选择小型吊盆紫露草、吊兰，悬挂在靠灶较远的墙壁上；此外，还可用小红辣椒、葱、蒜等食用植物挂在墙上作装饰。值得注意的是，厨房不宜选用花粉太多的花，以免开花时花粉散入食物中。其次，厨房是全家空气最污浊的地方，因此需要选择一些生命力顽强、体积小，并且可以净化空气的植物，如吊兰、绿萝、仙人球、芦荟等。

337 有哪些耐湿的植物适合放在卫浴？

由于卫浴湿气大、冷暖温差大，养植耐湿性的观赏绿色植物。可以吸纳污气，因此适合使用蕨类植物、垂榕、黄金葛等。如果卫浴既宽敞又明亮且有空调的话，则可以培植观叶凤梨、竹芋、蕙兰等较艳丽的植物，把卫浴装点得如同迷你花园，让人乐在其中。

338 哪些植物适合放在玄关？

玄关应摆放赏叶的常绿植物。玄关是入宅的第一印象，所以挑选植物时，最好要选择那些能保持常绿和生长茂盛的植物。其中，铁树、发财树、绿萝、棕榈科植物等都是很好的美化玄关的植物。

339 不同类型的阳台植物布置有什么不一样？

分类	概述
凸式阳台和楼顶阳台	三面通风，日照较好，适宜搭架种植枝叶茂盛的攀援植物。顶部较阴凉，可种植吊兰、蕨类等阴生植物
靠西北面的阳台	宜种植石榴、一品红、杜鹃等阳性花木
半阴阳台	可以摆设南天竹、茶花、君子兰
凹式阳台	只有一面外露，采光和通风条件较差，可利用两侧立梯形支架，摆放盆花；也可种植蔷薇、悬菊等悬垂式植物，均能收到较好的绿化效果

340 中式风格的居室放些什么植物好？

中国风的装饰风格崇尚庄重和优雅，讲究对称美。色彩以红、黑、黄三种为主，浓重而成熟。宁静雅致的氛围适合摆放古人喻之为君子的高尚植物元素，如兰草、青竹等。中式观赏植物注重"观其叶，赏其形"，适宜在家里放置附土盆栽。中式装饰风格在整体上呈现出优雅、清淡的格调，要格外注意环境与植物的协调，用适宜于中式装饰风格的植物进行搭配。

341 欧式风格的居室放些什么植物好？

欧式风格的居室可以多用玫瑰、月季等蔷薇科的植物作为装饰。这些植物可以增加居室的浪漫气氛，其特性也比较符合欧式家居风格的格调。

342 美式乡村风格的居室适合摆放什么样的植物？

美式乡村风格的家居配饰多样，非常重视生活的自然舒适性，突出格调的清婉惬意，外观的雅致休闲。其中，各种繁复的绿色盆栽是美式乡村风格中非常重要的装饰运用元素，其风格非常善于利用设置室内绿化，来创造自然、简朴、高雅的氛围。

343 法式田园风格的居室适合摆放什么样的植物？

薰衣草是法式田园风格最好的配饰，不仅因为它最直接地传达了自然的气息，也因为法国普罗旺斯的薰衣草庄园是每一个心存浪漫情怀女子的梦想之地。在家中用薰衣草装饰，仿佛遇见世间最圣洁的爱情与浪漫。

344 东南亚风格的居室适合摆放什么样的植物？

东南亚家居中喜欢采用较多的阔叶植物来装点家居。如果有条件，可以采用水池、莲花的搭配，非常接近自然。如果条件有限，那么选择莲花或莲叶图案的装饰来装点家居，也不失为讨巧的办法。